설계/정보 관리 &가치공학 및 LCC

Design/Information Management & Value Engineering and Life Cycle Cost

건설관리학 총서 2

설계/정보 관리 & 가치공학 및 LCC

저자_
김홍용, 진상윤
김옥규, 정운성
김태완, 최철호
김병수, 현창택
전재열, 김용수

씨아이알

건설관리학 총서

발 • 간 • 사

'과골삼천(踝骨三穿)'

다산 정약용 선생께서 저술에만 힘쓰다 보니, 방바닥에 닿은 복사뼈에 세 번이나 구멍이 뚫렸다는 말입니다. 이것은 마음을 확고하게 다잡고 "부지런하고, 부지런하고 부지런하라."라는 말로 풀이되는데, 다산 정약용 선생은 그의 애제자인 황상에게 이것을 '글'로 써주었습니다. 그것이 바로 '삼근계(三勤戒)'입니다. 이 한마디의 '글'은 황상 인생의 모토가 되어 그의 삶을 변화시켰습니다. 위 이야기처럼 본 건설관리학 총서가 대학생들의 삶을 변화시키는 '글'이 되기를 진심으로 바랍니다.

2019년 '한국건설관리학회'가 창립 20주년을 맞습니다. 그러나 20년의 역사에도 불구하고 아직 건설관리학의 전반을 망라하는 건설관리학 총서가 없다는 것은 그동안 큰 아쉬움이었습니다. 몇몇 번역서가 있지만 우리나라의 현실을 충분히 반영하지 못한 것이 안타까웠습니다. 이에 우리 집필진은 글로벌 표준을 근간으로 하고, 우리나라의 현실을 반영한 건설관리학 총서를 집필하였습니다. 우리는 PMI(Project Management Institute)의 PMBOK(Project Management Body of Knowledge)을 참조하여 총서의 구성을 설정하고, 건설관리 프로세스의 흐름을 중심으로 내용을 기술하였습니다. 이와 함께 우리나라 현실을 반영하고, 현업에서 두루 활용되고 있는 실무적인 내용을 추가하여 부족한 부분을 보완하였습니다.

본 총서는 다음과 같이 4권으로 구성되어 있습니다. 제1권은 계약 관리, 클레임 관리, 리스크 관리, 제2권은 설계 관리, 정보 관리, 가치공학 및 LCC, 제3권은 공정 관리, 생산성 관리, 사업비 관리, 경제성 분석 그리고 제4권은 품질 관리, 안전 관리, 환경 관리입니다. 위 네 권의 책은 건설의 계획, 설계, 시공 그리고 운영 및 유지 관리에 이르는 건설사업 전반의 프로세스를 아우릅니다.

본 총서는 여러 저자들의 재능기부로 완성되었습니다. 모든 저자들이 건설관리학 총서를 발간한다는 역사적인 취지에 공감하고 기꺼이 집필에 참여해주셨습니다. 적절한 보상도 없이 많은 시간과 노력을 기울여주신 저자들께 한국건설관리학회를 대신하여 심심한 감사의 말씀을 드립니다.

본 총서는 대학생 교육을 위한 교재로 집필되었습니다. 본래 한 권의 책으로 발간하려 하였으나, 저술되어야 하는 분야가 광범위하고, 각 분야가 전문적으로 독립되어 있어서 한 권으로 발간하는 것이 불가능하였습니다. 또한 책 내용을 수정, 보완하는 데 대용량의 한 권의 책은 민첩성이 떨어져 효과적인 교재 관리가 어렵다고 판단하였습니다. 이런 숙고의 과정을 통하여 네 권으로 구성된 총서가 발간되었습니다.

본 총서의 집필은 온정권 무영CM 대표, 장갑수 가람건축 대표 그리고 김형준 목양그룹 대표의 후원으로 시작되었습니다. 건설관리학 분야 후학 양성의 필요성을 절감하고 건설관리학의 발전과 확산에 일조하고자, 건설관리학 총서 저술팀이 확정되지도 않은 상태에서도 오직 학회만을 믿고 기꺼이 후원해주셨습니다. 세 분께 한국건설관리학회의 이름으로 큰 감사의 말씀을 드립니다.

현재 건설관리학 총서는 초판 수준으로 아직 부족한 부분이 많습니다. 우리 저자들은 지속적으로 책의 내용을 수정, 보완해나갈 것입니다. 이 책으로 공부하는 대학생들이 건설관리학 분야에 흥미와 관심을 갖게 되기를 기대해봅니다.

한국건설관리학회 9대 회장 **전재열**

한국건설관리학회 10대 회장 **김용수**

교재개발공동위원장 **김옥규, 김우영**

교재개발총괄간사 **강상혁**

contents

part II 정보 관리 진상윤 · 김옥규 · 정운성 · 김태완 · 최철호

part III 가치공학 김병수 · 현창택 · 전재열

수명주기비용(LCC) 김용수

part I

설계 관리

김홍용

chapter 01

일반사항

1.1 개 요

1.1.1 설계 관리의 정의

설계 관리란 발주자의 요구사항을 파악하여, 사업의 목적에 부합하는 설계 기준 및 지침을 수립 하고, 설계 일정을 준수하여 설계 성과물이 사업예산을 초과되지 않고, 설계 품질 향상 및 시공이 최적화되도록 관리하는 것을 의미한다.

1.1.2 설계 관리 목표

① 발주자의 요구를 충족하는 설계도서(도면과 관련 서류 : 시방서, 물량산출서, 계산서 등)를 예정된 기간 내에 완성하도록 일정 관리를 수행한다.
② 통합적인 사고로 설계 내용을 검토하고, 개선 방안을 제시하는 설계 조정 및 관리를 통하여 설계 품질을 최적화한다.
③ 설계 VE 및 비용 절감을 통한 사업비 절감으로 예산을 관리한다.

1.1.3 단계별 업무

1) 설계 전 단계

건설사업 관리 기술자가 건설사업의 실현을 위해 사업의 기획부터 참여하여, 설계 진행을 위한 종합적인 지원 및 전문적인 관리를 하는 단계이다.

• 건설사업의 개발 구상과 기획을 검토하고 관리한다.
• 사업기획과 타당성 분석 내용을 검토하고 관리한다.
• 건설사업 계획의 비용을 분석하고 예산을 검토한다.

가용 토지면적

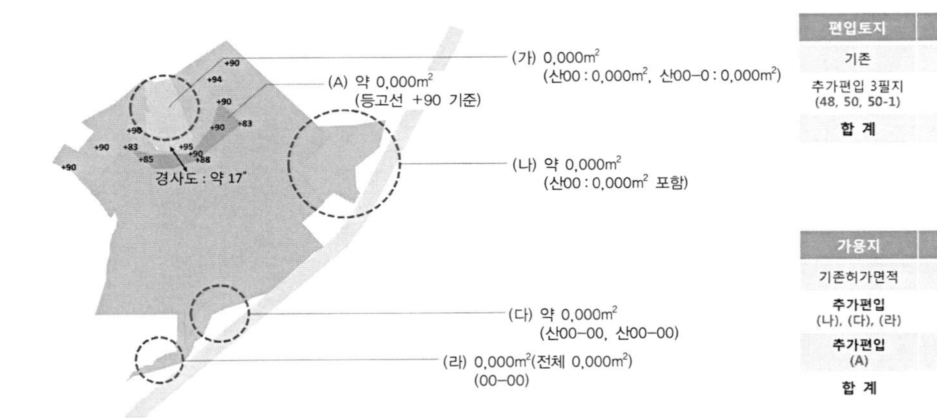

편입토지	면적(㎡)
기존	00,000
추가편입 3필지 (48, 50, 50-1)	0,000
합 계	00,000

가용지	면적(㎡)
기존허가면적	00,000
추가편입 (나), (다), (라)	0,000
추가편입 (A)	0,000
합 계	00,000

2) 설계 단계

건설사업의 목적에 알맞은 건축물의 시공을 위한 건설기술용역업체의 설계 업무에 대하여 진행, 검토, 제안, 확인 등의 업무를 지원 및 관리하는 단계이다.

• 기획 설계 단계(Pre–Design Phase) : 사업 기획에 따른 건축물의 규모 검토, 현장조사, 설계 지침 등 건축 설계 발주에 필요하여 발주자가 사전에 요구하는 업무를 지원한다.

• 계획 설계 단계(Schematic Design Phase) : 기획업무 내용을 참작하여 건축물의 규모, 예산, 기능, 질, 미관적 측면에서 설계 목표를 정하고 가능한 해법을 제시하는 단계로서, 디자인 개념의 설정 및 연관 분야(구조, 기계, 전기, 토목, 조경 등)의 기본 시스템을 검토한다.

• 중간(기본) 설계 단계(Design Developement Phase) : 계획 설계 내용을 구체화하여 발전된 안을 정하고, 실시 설계 단계에서의 변경 가능성을 최

소화하기 위해 다각적인 검토가 이루어지는 단계로서, 연관 분야의 시스템 확정에 따른 각종 자재, 장비의 규모, 용량이 구체화되도록 설계도서를 관리한다.

• 실시 설계 단계(Construction Document Phase) : 중간 설계를 바탕으로 하여 입찰, 계약 및 공사에 필요한 설계도서를 관리하는 단계로서, 공사의 범위, 양, 질, 치수, 위치, 재질, 질감, 색상 등을 결정하여 설계도서를 관리하며, 시공 중 조정에 대해서는 사후 설계 관리 업무 단계에서 수행한다.

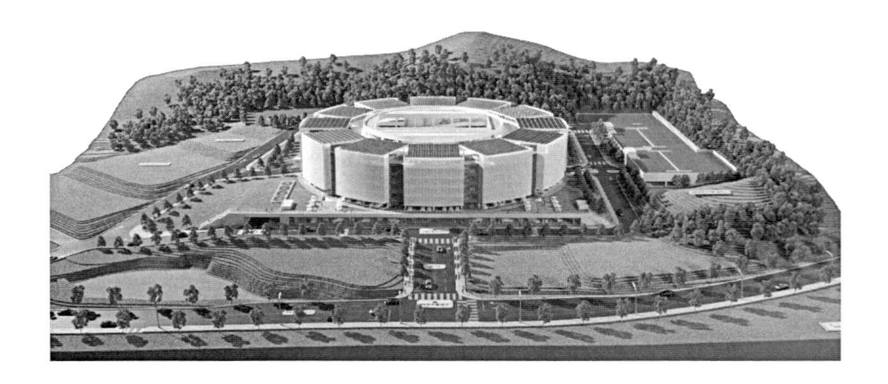

3) 계약 구매 단계

- 발주도서 관리 및 지원
- 입찰방식의 검토 및 행정 지원

※ 제1권 '계약관리' 참조

4) 시공 단계

- 사후 설계 관리 : 건설사업 관리 기술자는 공사시공 과정에서 건축사의 설계의도가 충분히 반영되도록 설계도서의 검토·보완 등을 위하여 수행하는 설계업무를 관리한다.

※ "건축법 제72조제8항 및 동법 시행령 제108조제3항" 참조

- 설계 변경 관리 : 건설사업 관리 기술자는 공사 도중 당초 설계 내용이 변경되었을 경우 설계 변경 사유와 변경 원인을 검토하고 적합한 대책 수립으로 공사 진행이 원활하게 이루어질 수 있도록 관리한다.
- 준공도서 관리 : 건설사업 관리 기술자는 공사 준공 및 시설물 유지 관리를 위해 작성되는 준공 설계도서를 검토하고 관리한다.

5) 시공 후 단계

공사의 완료 전부터 완료 후까지 계약의 내용에 따라 관련 업무를 지원한다.

- 시운전 종합 계획 검토 지원
- 유지 관리 지침서의 작성 지원
- 시설물의 인수인계 계획 관련 지원
- 설계도서류의 보존 계획 지원

1.2 단계별 업무

1.2.1 업무 분장

건설사업 관리 기술자로서 업무 수행 시, 각 참여자 간의 책임과 권한이 명확하게 규정된 업무 분장표를 작성하여 이를 공유하여야 하며, 업무분장은 계약적인 책임, 권한 사항과 법적으로 규정된 업무를 포함하여 계획을 수립한다.

1.2.2 책임과 권한

발주자 및 참여자 간의 계약서에 명시된 각각의 책임과 권한을 명확하게 하여 반영하도록 하고, 세밀하게 역할을 분담하여 업무 수행 과정에서의 분규나 클레임을 최소화한다.

1.2.3 업무 협조

각 단계별로 업무내용에 따른 관계자가 서로 간에 업무협조를 요청할 경우에 역할에 충실할 수 있도록 협조하여야 하며, 합의된 기간 내에 업무를 처리할 수 있도록 관리한다.

[표 1] **설계 단계별 참여자 업무**

구분	기획 설계/계획 설계	기본 설계/ Fast Track 설계	실시 설계	시공 발주
기간	2~3개월	3~5개월	4~7개월	1~2개월
Mile-stone	• 전체 사업 일정 결정 • 주요 분야별 시스템 결정 • 지질 조사/현황 측량	• 계획안 검토/결정 • 기본 설계 진행 • Fast Track 진행 • 공사 발주 방식 결정	• 기본설계/FT 결정 • 실시 설계 진행 • FT 공사발주/계약 • 실시 설계 검토 • FT 착공	• CD 결정 • CD 승인 • 본공사 발주 • 공사 계약
발주자	• 전체 사업 일정 결정 승인 • 설계지침서 작성 • 개략 규모/예산 확정 • 최종 OR 승인 • 운영지침서 작성 • 개략 Space Program 작성 • 계획안 심의/승인	• 상세 Space Program 작성 • 분야별 시스템 결정 • 예산 검토 및 확정 • 기본설계/FT 심의 • 기본 설계/FT 최종 승인 • FT 발주/계약	• 실시 설계 심의/최종 승인 • 시공사 선정 • 착공 승인	• CD 승인 • 본공사 발주 • 공사 계약
CMr	• 발주자 요구사항 검토 • 각종 법규 검토 • 분야별 시스템 및 기술 개략 검토 • CM 수행계획서 • CM 절차서 • CM 착수신고서 • 전체 사업 일정 보고 • 분야별 시스템 보고 • SD 검토 보고 • Cost Planning과 산견적 검토	• 주요 분야별 시스템 비교 검토 • 공사비 절감 대안검토 • 지질 조사 및 현황 측량 검토 • DD/FT 검토 보고 • 기본설계VE 보고 • 공사 발주 방식 보고 • Cost Planning과 공사비 검토 • 기본설계도서 검토 • 기본 설계 VE • FT 착공 보고	• 실시 설계 검토 보고 • 실시설계VE 보고 • 공사비내역서 검토 및 적정 공사비 검토 • 실시설계검토 및 착공도서 검토 • 실시 설계 VE • 시공사 발주/계약 지원	• 착공 보고
설계자	• 설계 과업 수행 계획서 작성 • 설계 일정표 작성 • 발주자 요구사항 취합 • OR/보고서 작성 • 각종 법규 검토 및 사례 조사 • 계획 설계도서 작성	• 주요 분야별 시스템 비교 작성 • 지질 조사 및 현황 측량 • 기본 설계도서 작성/납품 • 각종 보고서 작성	• 실시설계도서 작성/납품(VE/검수용 도서 포함) • 각종 보고서 작성 • 조감도/모형 제작	• 보완 도서 작성 • 최종 도서 납품

[표 2] **건설사업 관리 업무지침 – 단계별 참여자 간의 역할 분담**

단계	업무 내용	역할 분담				비고
		발주자	사업 관리자	설계자	시공자	
공통 업무	건설사업 관리 수행 계획서 작성·운영	승인	주관	–	–	
	건설사업 관리 업무서 작성·운영	승인	주관	–	–	
	작업분류체계/사업번호체계 관리	승인	주관	협조	협조	
	사업 정보 축적·관리 및 운영	협조	주관	협조	협조	
	사업 단계별 총사업비 및 생애주기 비용 관리	검토	주관	협조	협조	
	건설공사 참여자 간 업무 협의 주관	협조	주관	협조	협조	
	건설사업 관리 업무 관련 각종 보고	검토	주관	협조	협조	
	각종 인허가 및 대민 업무	주관	협조	협조	협조	
	클레임 분석 및 분쟁 대응 업무	주관	협조	협조	협조	
	기타 건설사업 관리 관련 업무	협조	주관	–	–	
설계 전 단계	건설기술용역업체 선정	주관	협조	–	–	
	사업 계획서 작성 지원	승인	주관	협조	–	
	사업 타당성 조사보고서의 적정성 검토	승인	주관	협조	–	
	발주 방식(공사 수행 방식) 결정 지원	승인	주관	–	–	
계획 / 기본 설계	설계자 선정	주관	협조	–	–	
	중간 설계 VE	승인	주관	협조	–	
	공사비 분석 및 개략 공사비 검토	승인	주관	협조	–	
	설계용역 진행 상황 및 기성 관리	승인	주관	협조	–	
	계획/중간 설계 조정 및 연계성 검토	검토	주관	협조	–	
	계획/중간 설계의 품질 관리	승인	주관	협조	–	
	기타 중간 설계 단계 설계 감리 업무	승인	주관	협조		

[표 3] **건설사업 관리 업무지침 – 단계별 참여자 간의 역할 분담**

단계	업무 내용	역할 분담				비고
		발주자	사업 관리자	설계자	시공자	
실시 설계	설계자 선정	주관	협조	–	–	
	공사 발주 계획 수립	승인	주관	협조	–	
	실시 설계 VE	승인	주관	협조	–	
	공사비 분석, 공사원가 적정성 검토	승인	주관	협조	–	
	설계용역 진행 상황 및 기성 관리	승인	주관	협조	–	
	실시 설계 조정 및 연계성 검토	검토	주관	협조	–	
	실시 설계 품질 관리	승인	주관	협조	–	
	기타 실시 설계 단계 설계 감리 업무	승인	주관	협조		
	지급 자재 조달 및 관리 계획 수립	승인	주관	협조	–	
	시공자 선정	주관	협조	–	–	
시공 단계	공정·공사비 통합 관리	승인	주관	–	협조	
	설계도서, 시공상세도 및 시공 계획 검토	–	주관	–	협조	
	시공 확인 및 검측 업무	–	주관	–	협조	
	품질 관리 및 기술지도(검토·확인)	–	주관	–	협조	
	재해예방, 안전·환경 관리	–	주관	–	협조	
	공정 관리 및 부진 공정 만회 대책 수립	–	주관	–	협조	
	계약자 간 시공 인터페이스 조정	검토	주관	–	협조	
	기성 및 준공 검사	승인	주관	–	협조	
	기타 시공 단계 책임 감리 업무	승인	주관	–	협조	
시공 후 단계	종합 시운전 계획의 검토 및 시운전 확인	승인	주관	–	협조	
	시설물의 운영 및 유지 보수·유지 관리 업체 선정	승인	협조	–	–	
	시설물의 인수·인계 계획 검토 및 관련 업무 지원	승인	주관	–	협조	
	최종 건설사업 관리 보고	승인	주관	–	협조	

1.3 설계 관리 절차

1.3.1 기획 설계(Pre-Design) 용역 수행 흐름도

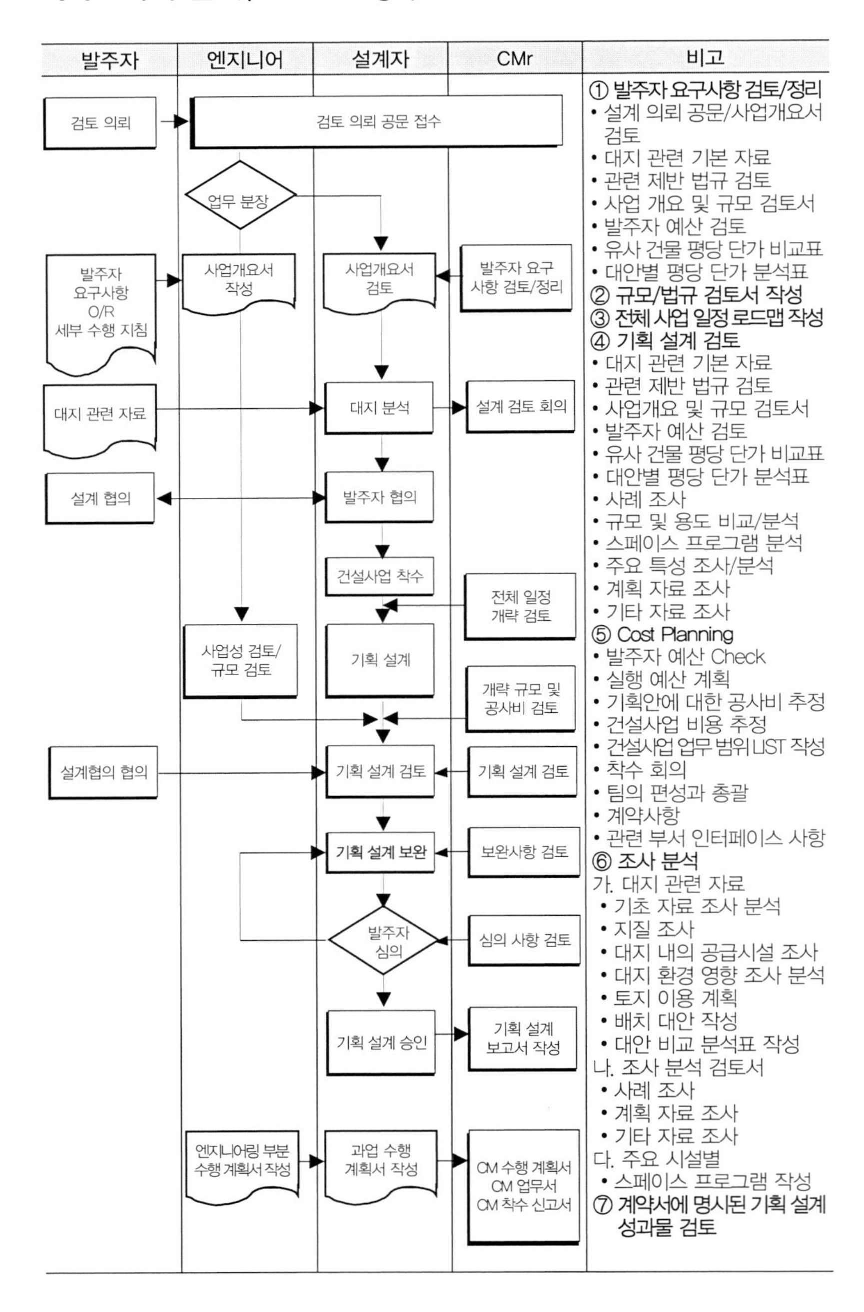

1.3.2 계획 설계(Schematic) 용역 수행 흐름도

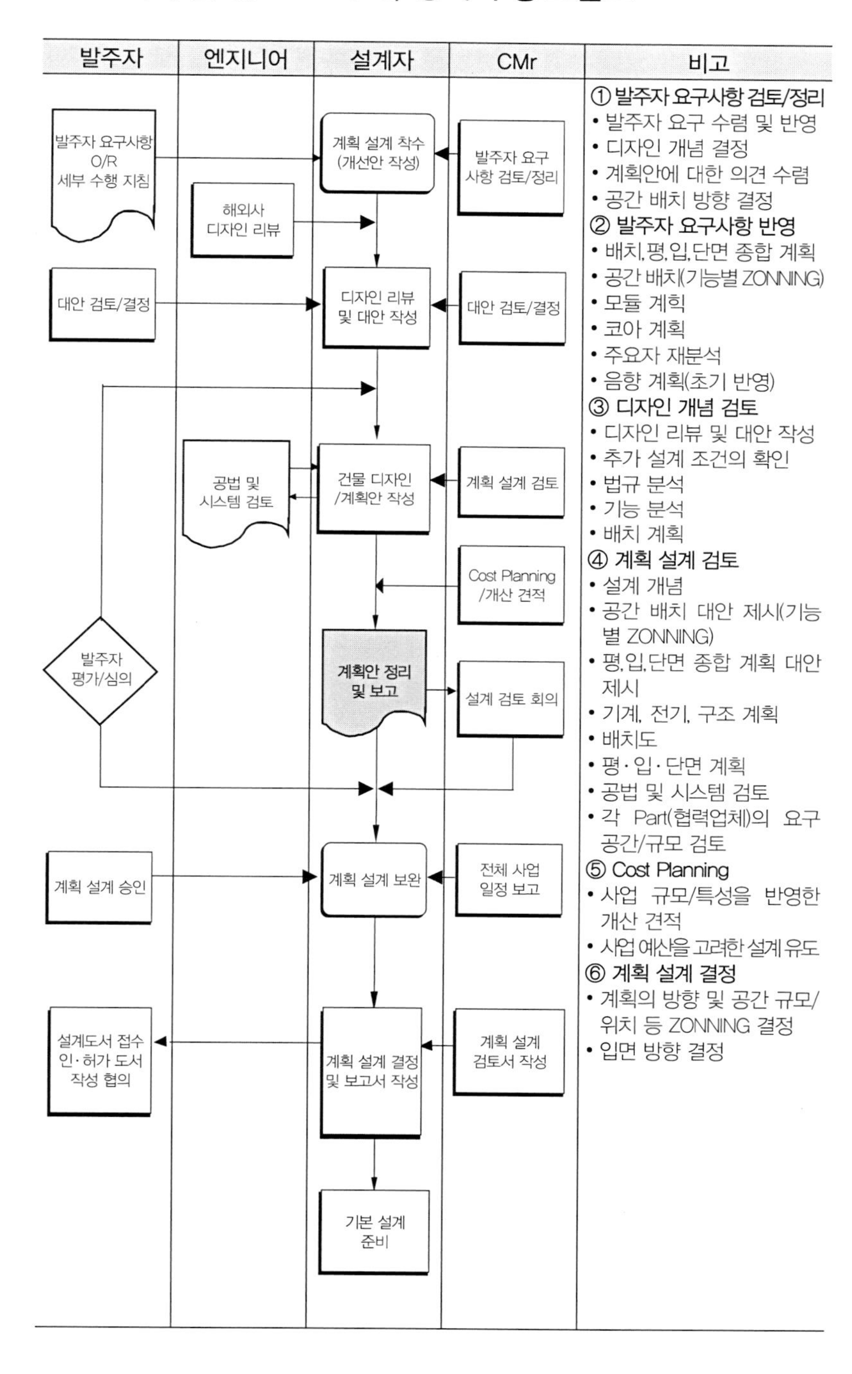

1.3.3 중간(기본) 설계(Design Development) 용역 수행 흐름도

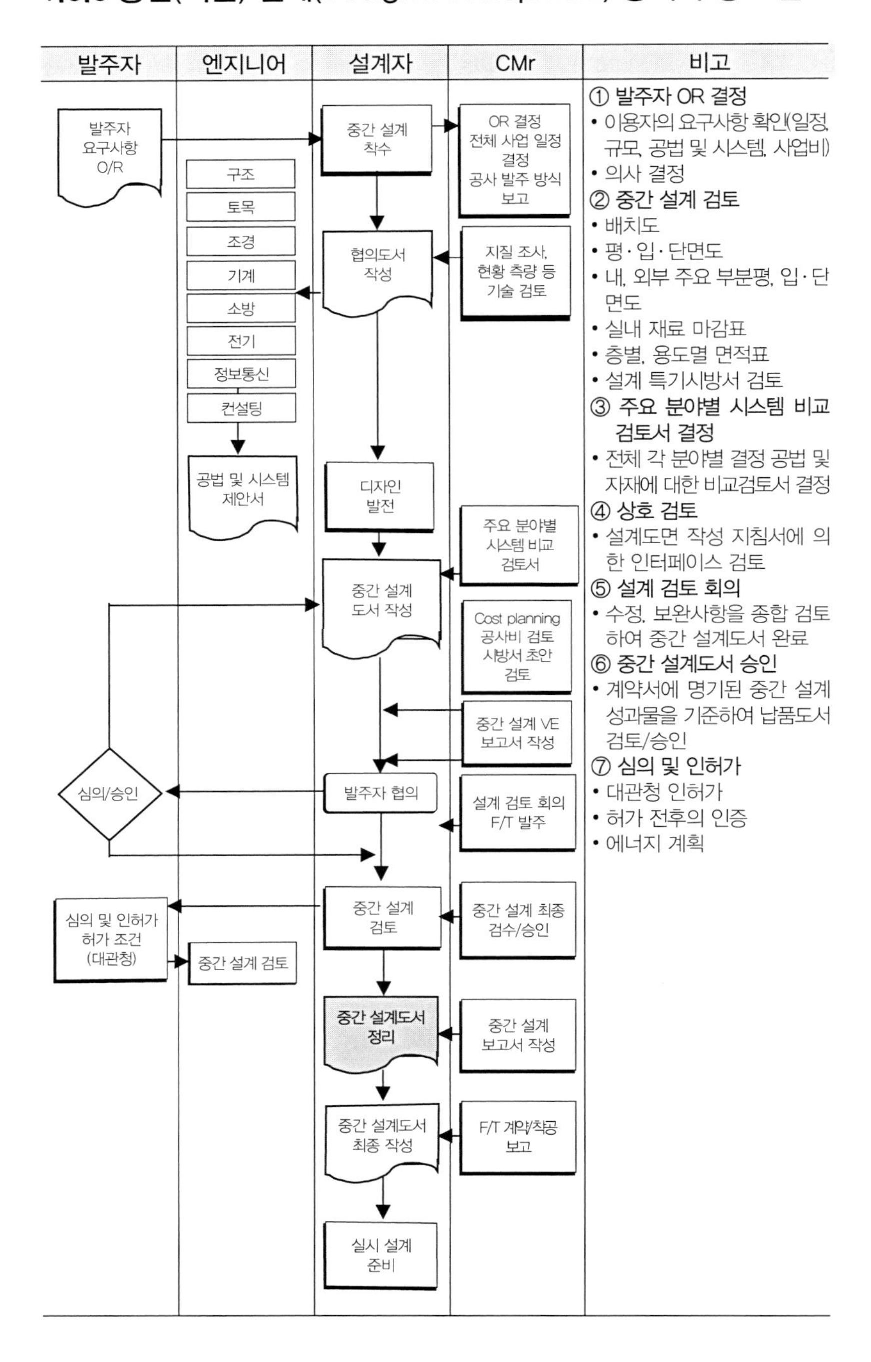

1.3.4 실시 설계(Construction Development) 용역 수행 흐름도

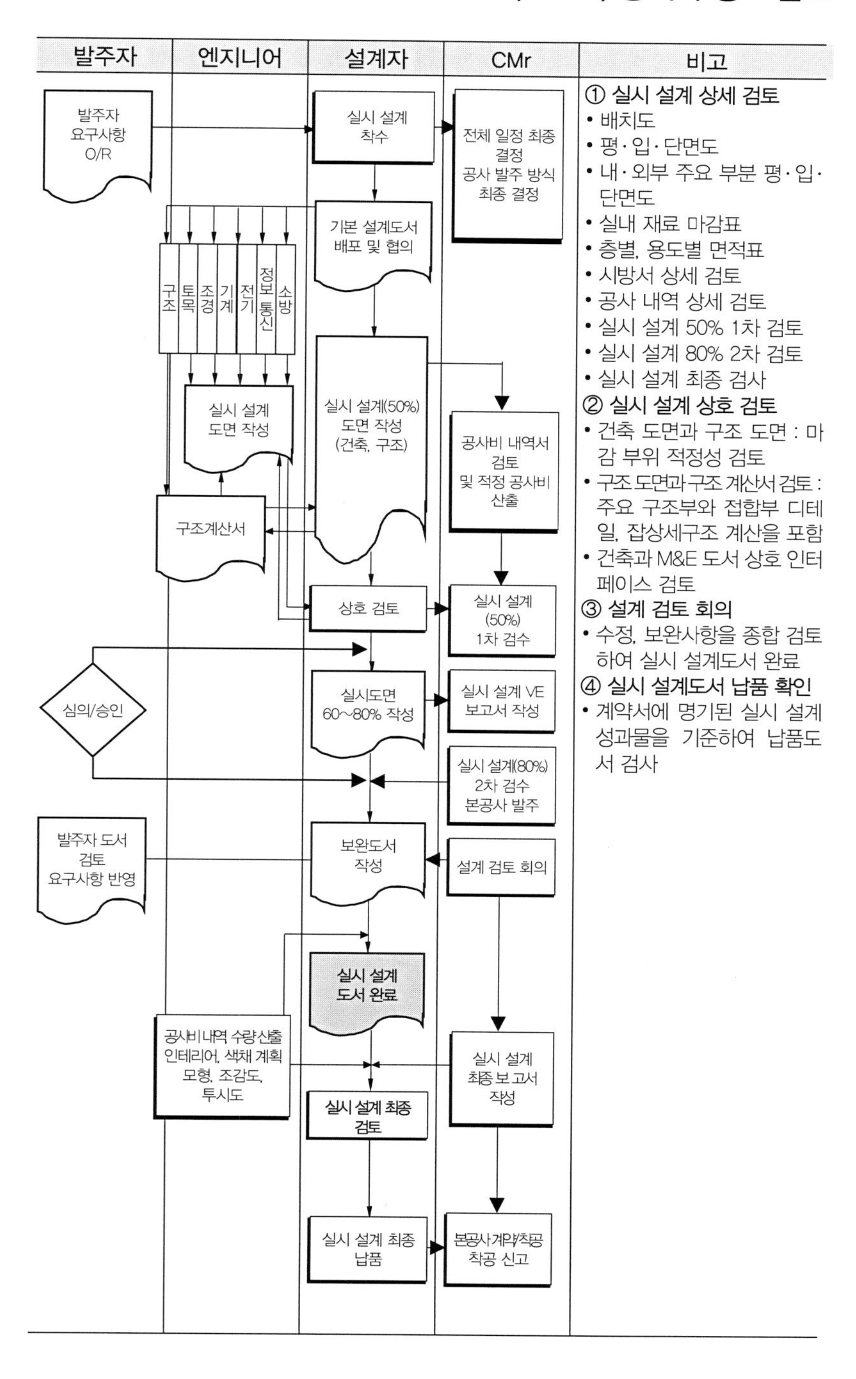

1.4 설계 기준 및 표준 검토

설계 기준서는 설계의 기초가 되는 기준, 매개변수, 기초자료 및 정보, 규제법령, 규격, 표준 및 계약조건 등을 문서로 작성한 것으로 설계 입력의 내용을 직접 기술하거나 설계 입력이 되는 기준을 기술한 것을 말한다.

1.4.1 설계 기준서의 작성 및 관리

① 건설사업 관리 기술자는 설계자가 건축사의 업무 범위 또는 계약에 의한 해당 업무 책임 범위 내에서 관련 법규, 규격, 표준 및 참고 자료 등을 포함한 설계 기준 및 요건을 설정할 수 있도록 설계 기준서를 작성하여 제출한다.

② 설계 기준서는 다음과 같은 사항을 포함하여 작성하여야 하며, 각 분야별 특성에 따라 내용의 일부를 수정 및 보완하여야 한다.

- 설계 일반 기준 : 건설 사업에 대한 일반 사항 및 설계 개요, 각 시설 및 설비에 공통으로 적용되는 설계 기준을 기술한다.
- 상세 설계 기준 : 각 분야별 설계에 적용되는 상세 설계 기준으로서 다음과 같이 구분 하고, 필요에 따라 추가할 수 있다.
  - 건축 설계 기준
  - 구조 설계 기준
  - 토목 설계 기준
  - 조경 설계 기준
  - 기계 설계 기준
  - 전기 설계 기준
  - 소방 설계 기준
  - 정보통신 설계 기준 등
- 부록 : 관련 법규, 규격, 표준 및 참고 자료 목록

③ 발주자 및 건설사업 관리 기술자는 추가로 설계 기준에 포함될 사항을 결정한 후 설계자에게 통보한다.

④ 설계 기준서는 설계 계획 지침에 따라 설계 과업 수행 계획서에 포함된다.

⑤ 설계자에 의해 추가된 설계 기준서는 건설사업 관리 기술자에게 제출되어 검토 되며, 발주자의 승인을 얻어 확정한다.

⑥ 설계 기준서의 개정은 최초의 작성 시와 동일한 방법으로 수행되어야 한다.

1.4.2 법규, 규격, 표준 및 참고 자료의 관리

① 건설사업 관리 기술자는 정확한 요건이 설계업무에 반영 또는 인용될 수 있도록 설계자가 해당 설계업무에 적용되는 관련 법규, 규격, 표준 및 참고 자료 등을 선정하여 상세 설계 기준서 및 설계 과업 수행 계획서에 포함시켜 작성되도록 하여야 한다.

② 설계업무에 적용되는 관련 법규, 규격, 표준 및 참고 자료는 최신판을 적용시켜야 하며, 이를 계약서 또는 설계 과업 수행 계획서에 명시해야 한다.

1.5 설계 과업 수행 계획서

건설사업 관리 기술자는 설계 관리 업무를 수행하기 위한 '설계 과업 수행 계획'을 설계자가 수립하게 하여 설계 관리, 설계 성과품 관리 및 설계 일정을 체계적으로 관리하는 기준서로 활용한다.

1) 설계자는 다음 사항이 포함된 설계 과업 수행 계획서를 작성한다.

① 과업의 이해(과업의 명칭, 개요, 목적, 범위, 기간)

② 과업 수행 추진 계획(주요 방향, 분야별 과업, 주요공정)

③ 과업 수행 조직 및 운영 계획

- 건설사업 수행 조직 및 설계 분야별 조직
- 설계자 내부 설계 인터페이스(조직 관리 및 협력 방안, 통합설계실 등)
- 분야별 책임기술자 및 하도급 현황

④ 과업 수행 계획

- 업무 분장, 처리 및 문서 처리 절차
- 설계 기준 및 표준(① 설계 일반 기준 ② 상세 설계 기준)
- 분야별 설계 기본 방향
- 설계 품질 관리 계획
- 설계 성과품의 검토를 위한 세부 절차

⑤ 과업 수행 세부 공정표

⑥ 기타 사항(사용자 요구사항, 현황 조사 등)

2) 설계자가 작성하여 제출한 설계 과업 수행 계획서의 내용을 검토하고 발주자에게 승인을 요청한다.

3) 설계 관리 업무를 수행하는 데 확정된 설계 과업 수행 계획서를 기준으로 설계자의 업무 진행 사항 및 성과품 등을 정기적으로 검토하고 이행 여부를 확인한다.

1.6 설계 진행 관리

건설사업 관리 기술자가 업무를 수행하는 데 있어 발주자의 요구사항 충족과 설계 기술 향상과 설계 품질을 확보하기 위하여 설계 단계별 업무 절차와 기준을 규정한다.

1.6.1 일반사항

① 설계 문서(설계 기본 계획, 설계 과업 수행 계획서, 설계도서 등)는 설계 업무 수행 기간 동안 최상의 상태로 유지·관리되어야 한다.

② 설계 업무는 관련 계약, 문서화된 절차 및 관련 법규에 따라 수행되어야 한다.

③ 건설사업 관리 기술자의 역할

- 설계 행위 일부 또는 전부가 설계 협력 업체에 의하여 시행될 경우 설계

협력 업체의 조직 체계, 인력 구조, 설계 품질 등의 평가 실시
- 준공된 설계에 대한 설계 품질, 부실 여부 측정 등을 실시
- 설계 등 관련 용역에 대한 지속적인 관리

1.6.2 설계 입력 사항 기술

- 설계 입력이란 설계를 위한 기초 자료로 활용되는 각종 법규, 계약 조건, 발주자 지시서, 표준도 및 설계 기준 등 규정된 요구사항을 말한다.
- 건설사업 관리 기술자는 설계 지침서에 따라 설계 입력을 파악하여 적정성을 검토한다.
- 건설사업 관리 기술자는 설계의 적정성과 객관성을 보장하기 위하여 사업의 규모와 성격에 부합하는 설계 입력 사항을 기술하여야 하며, 이 자료는 설계 검토 및 검증의 기본 자료로 활용된다.
- 건설사업 관리 기술자는 설계 입력 사항들의 불완전, 불명확 또는 상호 모순되는 사항이 발생할 경우 설계 입력 전에 이를 해결한다.

1.6.3 설계 출력 사항 문서화

- 설계 출력이란 설계 수행 결과로 출력된 보고문서 및 설계도서 등의 성과품을 말한다.
- 건설사업 관리 기술자는 설계 입력 요구사항에 대한 반영 여부에 대해 설계 검토, 설계 검증 및 유효성을 확인하기 위한 설계 출력 사항을 문서화한다.

1.6.4 설계 검토 회의 절차 수립

- 건설사업 관리 기술자는 건설사업의 진행 상황을 점검하고 설계 과업 수행 계획서대로 진행되고 있는가를 파악하기 위해 건설사업 팀 구성원 간에 정기적인 회의를 주관한다.
- 회의는 건설사업이 패스트 트랙 방식으로 진행될 경우 설계 전과 진행 공정에 따른 각 단계별 설계가 완료될 때, 그리고 최종적인 입찰 절차에 대한

검토가 끝난 후에 한다.

- 건설사업 관리 기술자는 이전 회의에서 발견된 문제점과 회의 내용에 대해 그에 대한 조치 결과를 확인하여야 한다.
- 건설사업 관리 기술자는 예산과 설계도서에 준한 비용 분석, 사업 기본 공정표와 총괄 공정표의 검토 등을 수행하여야 한다.

1.6.5 설계 검증

- 설계 검증이란 출력된 성과품이 입력된 요구사항을 충족시킨다는 것을 보증하기 위해 실시하는 설계 심사 업무를 말한다.
- 건설사업 관리 기술자는 설계의 각 단계마다 설계 결과에 대하여 각종 시방서 및 제 기준 등의 적정성 여부를 검토하여 조치 반영을 확인한다.

1.7 설계 자료 관리

1.7.1 설계 자료 접수 및 확인

① 건설사업 관리 기술자는 설계자로부터 접수된 설계 자료에 대하여 다음 사항을 점검하여 자료의 이상 여부를 확인한다.

- 내용물 파손 및 훼손 여부
- 형식과 체제 확인
- 자료의 품질(판독성) 확인

② 건설사업 관리 기술자는 설계 자료에 이상이 있을 때 내용을 보완하거나 설계자에게 재작성하여 제출할 것을 요구하고, 특히 전자파일과 함께 제출하는 경우 전자파일 역시 수정하여 재접수하도록 한다.

③ 건설사업 관리 기술자는 설계 자료에 관리 번호를 부여하고, 표지에 접수 일자가 들어 있는 '접수인'을 날인하며, 관리본/비관리본의 구분을 위한 날인한다.

1.7.2 설계 자료 검토 및 등록

① 건설사업 관리 기술자는 설계 정보 자료(전자매체를 포함한다)에 대해 설계 자료 관리 대장에 등록한다.

② 건설사업 관리 기술자는 설계 진행 관리 절차에 따라 설계 자료를 검토하여 등급을 부여한다.

1.7.3 설계 자료 관리대장의 작성

① 건설사업 관리 기술자는 설계 자료 관리에서 설계 자료 관리자를 선임하여야 한다.

② 건설사업 관리 기술자는 설계 정보에 대해 설계 자료 관리대장을 작성하고 관리하여야 하며, 설계 자료 관리대장에는 다음을 포함한다.

- 설계 자료 접수대장
- 설계 자료 발송대장
- 설계 자료 열람 및 대출대장
- 설계 자료 회수 / 폐기대장
- 설계 자료 전자매체 등록대장

1.7.4 설계 자료 보관

① 건설사업 관리 기술자는 검토, 승인용으로 접수된 설계 자료에 대하여 접수 처리한 후 배포가 필요한 해당 자료를 '설계 자료 관리대장'에 기입 배포한다.

② 최종결과물(실시설계도서)로 접수된 설계 자료에 대하여 접수 처리한 후 등록 보관한다.

③ 개정 및 보유 기간 경과 등으로 인한 설계 자료를 회수 및 폐기하고자 하는 경우에는 '설계 자료 관리대장'에 기입 후 폐기한다.

④ 설계 자료의 보관 및 보유는 '문서분류번호표'에 의거하여 부여한 문서분류번호 순으로 별도 마련된 보관 장소에 철하여 보관한다.

⑤ 설계자료로부터 접수된 전자파일 저장매체는 CD-ROM, 외장용 저장장치 등의 매체로 파손되지 않도록 보관하고 관리번호, 제목 등을 기록하고 부착하고 관

리하여야 한다.

1.7.5 설계 자료 발송

① 건설사업 관리 기술자는 설계 자료의 검토의견서 및 관련 자료를 관련 발주자(설계자를 포함한다)에 발송 시 사본을 준비하여, 설계 자료 원본과 함께 보관한다.

② 건설사업 관리 기술자는 검토의견서 및 관련 자료를 설계 자료 관리대장에 기입 후 발송 조치한다.

1.7.6 설계 자료의 열람 및 대출

설계 자료의 열람 및 대출에 관련된 업무 절차는 다음과 같다.

1) 설계 자료의 내부 열람

- 별도로 보관 중인 설계 자료는 설계 자료 관리자의 협조를 받아 열람할 수 있다.
- 모든 자료 열람자는 '설계 자료 열람기록부'에 소정의 사항을 기재하고 서명 또는 날인 후 설계 자료 관리자에게 열람 신청을 하여야 한다.

2) 설계 자료의 외부 대출

설계 자료를 외부로 대출할 경우 '설계 자료 대출기록부'에 소정의 사항을 기재하고 서명 또는 날인 후 설계 자료 관리자에게 대출 신청을 해야 한다.

1.8 설계도서 검토의 주안점

설계자가 작성한 설계도서에 대하여 발주자 설계 지침 및 관련 법규 등에 따라 적합한지 다음 사항을 중점적으로 검토하여 의견 제시를 설계 관리 절차에 따라 수행한다.

1.8.1 발주자의 요구조건 반영

① 건설사업 목적의 반영 여부

② 발주자의 사용자 특성 반영 여부

③ 관련 법규의 적용 여부

1.8.2 과잉 설계 여부 검토

① 구조계산서의 적정 여부

② 부하계산서의 적정 여부

③ 자재 선정의 적정 여부

1.8.3 경제성 검토

① 예정 공사비 적정성 여부 검토 및 개략 공사비 산정

② VE 적용에 따른 비용 절감 방안 제시

③ LCC 기법에 의한 Cost Planning 및 유지 관리 비용 적정성 검토

④ 적정 공사 수행량에 따른 공구 분할 검토(Zoning)

⑤ 비용 절감 효과가 큰 주요 공종에 대한 구체적인 공법, 장비 동원, 자재의 특성 고려

- 효율적인 굴착 계획
- 골조공사에 대한 시공성 및 경제성 검토
- 지상층 시공, 현장 가설, 내장 마감 등의 시공순서에 대한 검토
- 커튼월 공사 및 양중 계획 등의 검토
- 특정 자재에 대한 검토 및 의견 제시

1.8.4 시공성(Constructability) 및 공기 검토

① 주요 부위별 설계의 적정성 및 특정 공법 적용 타당성 재검토

② 각 공종 간의 상호 간섭 부분을 검토하여 문제점 사전 예방
③ 노무, 자재, 장비 수급 조달 계획 검토
④ 공기 단축 가능 공종 및 공법 선정 검토
⑤ 특수 분야(조명, 음향, 철골 등)에 대하여 전문기술자 또는 하도급 용역을 통한 시공성 확인 검토

1.8.5 환경, 품질 및 안전 관리

① 중점 품질 관리 대상 공종과 하자 발생 예상 부위를 사전 선정하여 Check List에 의한 집중 검토
② 각 공종 간의 상호 간섭 부분을 검토하여 문제점 사전 예방
③ 친환경 건축물(Green Building) 예비 인증 획득을 위한 설계 적정성 검토

1.9 설계도서 승인 절차

건설사업 관리 기술자는 제출되는 설계 용역 성과품에 대하여 검토·확인하고 승인해야 한다. 승인 시 주요 사항으로 제출된 성과품에 대해 등급 판단 기준을 세우고 등급을 부여하여 관리해야 하며, 등급에 따라 처리 결과를 발주자에게 보고한다.

1.9.1 성과물의 판단 기준

건설기술진흥법 시행령 59조의4항에 기준하여 항목을 선정하고 설계지침서, 설계 과업 수행 계획서에 따라 판단 기준을 수립한다.

1.9.2 등급 부여

건설사업 관리 기술자는 건설공사의 설계 관리에서 설계자가 작성한 설계도서에 대해 성과물의 정도에 따라 다음과 같이 등급을 부여

하고 관리하여야 한다.

① 등급 A : 승인
② 등급 B : 조건부 승인
③ 등급 C : 승인 불가 / 재제출
④ 등급 D : 참고용
⑤ 등급 U : 상태 불량

1.9.3 적정성의 검토

설계 용역 성과품의 정도가 승인 요청 절차 및 내용에 맞게 구성되어 있는 경우 관련 담당자(건축, 구조, 기계설비, 전기, 소방, 토목, 조경 등)가 관련 도서를 검토하도록 하여야 하며, 이때 특별한 결격 사유가 없는 경우 조건부 승인을 전제로 검토하여야 하며, 경우에 따라서는 부분적 승인을 시행하여 검토 기간에 따라 공사 기간의 지연이 발생되지 않도록 설계 일정 관리를 한다.

1.9.4 승인 절차 및 보완

건설사업 관리 기술자는 제출된 설계 용역 성과품에 대해 설계의 적정성 여부를 판단하는 데 우선 제출된 성과품의 정도가 승인 요청 절차와 내용에 맞게 구성되어 있는지를 우선 판단하여 미흡할 경우 반려 조치하여 관련 내용을 보완하여 재제출되도록 하여야 한다.

1.10 설계 인터페이스 관리

건설사업 관리 기술자는 중간 설계, 실시 설계 단계에 여러 설계 공종 간 상호 연계성을 갖는 설계도서에 대한 설계 인터페이스 사항이 사전에 검토, 조정될 수 있도록, 설계 인터페이스 검토 여부 결정과 검토 과정을 거쳐 문제점을 해결하여야 하며 관련 내용을 발주자에게 보고하여야 한다.

1.10.1 설계 인터페이스 검토 여부 결정

건설사업 관리 기술자는 해당 설계 문서에 대한 인터페이스 검토의 필요성 여부에 대하여 설계자와 협의하여 필요하다고 결정하는 경우, 설계자에게 설계 인터페이스 업무가 추진되도록 통보하여야 하며, 설계자의 인터페이스 처리 결과에 대해서는 건설사업 관리 기술자에게 제출되도록 하여야 한다.

1.10.2 설계 인터페이스 검토

① 인터페이스 검토 의뢰를 받은 해당 설계자, 설계 협력 업체 및 기타 사업 참여자는 담당 책임 범위 내에서 설계 문서의 인터페이스에 대한 적합성을 검토한다.
② 설계자, 관련 설계 협력 업체 및 기타 사업 참여자는 설계 인터페이스 검토 확인서에 검토 의견 여부를 표시하고, 해당란에 서명 및 날짜를 기입하여 건설사업 관리 기술자에게 검토 결과가 제출되도록 한다.
③ 건설사업 관리 기술자는 설계 인터페이스 검토 의견에 대해 수시로 확인하고 건설사업에 부합되는지의 여부를 확인하여, 설계 인터페이스 업무가 원활하게 진행될 수 있도록 관리하여야 한다.

1.10.3 설계 인터페이스 반영

① 건설사업 관리 기술자는 설계자가 제시된 검토 결과를 해결하도록 하고, 사업 참여자 간 합의 또는 해결되지 않는 문제에 대해서는 설계 조정 회의를 통해 해결하도록 한다.
② 또한 검토 결과에 대해서는 설계자가 설계 문서에 반영 여부를 결정하도록 하며, 검토 결과를 반영한 후에는 관련 설계 협력 업체 및 기타 사업 참여자로부

터 동의 서명을 받도록 한다.

1.11 설계 조정 회의

건설사업 관리 기술자는 설계 인터페이스 관리가 원만히 처리되지 않을 경우 설계 조정 회의를 통하여 처리한다.

1) 설계 조정 회의 준비 및 개최

다음과 같은 사항을 검토하여 설계 조정 회의를 개최한다. 상정된 안건을 회의 진행 순서에 따라 토의하며, 참석자 전원의 동의로 가결하여 의결토록 한다.

① 안건 상정 및 범위 조정
② 일정 및 장소
③ 참석자
④ 책임사항

2) 건설사업 관리 기술자는 의결된 사항이 미결되지 않도록 설계자가 관리 항목을 만들어 관리하도록 하고, 지정 기일 내에 처리하도록 한다.

1.12 설계 시공성 검토

건설사업 관리 기술자는 건설공사의 상징성, 기념성, 예술성 등 창의적인 설계자의 의도가 해당 건설사업 계획의 예산과 공사 기간 등을 고려하여 구현이 가능한지 여부를 검토하고 각 설계 단계마다 설계에 반영되도록 하여야 한다.

1) 주요 검토 사항

① 설계도서의 현장 조건에 부합 여부의 검토
② 시공의 실제 가능성 검토
③ 타 공종과 상호 부합 여부 검토
④ 설계도서 상호 간의 일치 여부, 누락, 오류의 검토
⑤ 요구되는 공사 내용의 명확한 표현의 여부
⑥ 시공 시 예상 문제점 도출, 해결 방안 검토
⑦ 작업에 필요한 장비의 하중 및 작업 하중의 검토
⑧ 대형기기, 중량기기에 대한 반입 공정 및 기기 기초의 구조 검토 확인
⑨ 방수, 방식, 방음 대책을 요하는 시설의 확인과 필요한 조치 검토
⑩ 기기의 배관, 배선, 유지 관리, 관리 동선의 검토

2) 건설사업 관리 기술자는 시공성 검토에서 가급적 해당 건설사업의 경험과 시공 지식이 많은 시공전문가를 통해 설계 시공성 검토 업무를 수행하도록 한다.

1.13 설계 변경 관리

건설사업 관리 기술자는 국가를 당사자로 하는 계약에 관한 법률 제19조에 의거 물가 변동 등에 의한 계약금액 조정 사항이 발생하는 경우 관련 건설공사에 대한 설계 변경 업무를 수행하여야 한다.

1.13.1 설계 변경

① 물가 변동에 의한 설계 변경
② 설계 변경

③ 계약 내용의 변경

1.13.2 설계 변경 대상(공사 계약 일반조건 제19조)

① 설계서의 내용이 불분명하거나 누락, 오류 또는 상호 모순되는 부분이 있는 경우

② 지질, 용수 등 공사현장의 상태가 설계서와 다른 경우

③ 새로운 기술, 공법 사용으로 공사비의 절감 및 시공 기간의 단축 등의 효과가 현저할 경우

④ 기타 발주기관이 설계서를 변경할 필요가 있다고 인정하는 경우 등

1.13.3 설계 변경 검토 기준

① 발주자의 목적과 부합 여부 검토 및 평가

② 시공사의 설계 변경 요구에 대해 공기 단축, 비용 절감 요소에 대한 검토 후 수용 가능 여부 결정

③ 각 참여 주체들의 객관적 증빙자료의 요청 및 검토

④ 설계 검토, VE, 공법 및 자재의 적정성 검토를 통하여 설계 변경 잠재 요인을 사전에 예방하는 것을 원칙으로 관리

⑤ 설계 변경으로 인한 전체 공기 및 사업비에 미치는 영향 및 발주자의 손실 최소화

⑥ 클레임 예방 및 분쟁 해결을 통한 발주자의 권익 보호

⑦ 건설사업 관리 기술자와 해당 분야 전문가의 협조 체제를 구축하여 보다 경제적인 방안 검토

1.13.4 설계 변경 처리 절차

절차	세부 업무 내용
설계 변경 요청	• 발주자 및 시공자의 요청
설계 변경 요인 파악	• 발주자의 필요 • 현장 조건 상이 • 신기술·신공법 적용 • 설계도서 결함
건설사업 관리단 검토	• 공기 및 품질에 미치는 영향 • 사업비 증감 여부 • 설계 의도, 공기 지연, 추가 비용 검토
사업비 및 공기 절감 요소 제안	• 예정 공기 및 공사비 증가 없이 추진할 수 있는 구체적인 방안
개선안 확정	• 발주자, 시공자와 협의하여 검토/승인 • 도면, 시방서 개정
설계 변경	• 설계 변경 실시 및 기록 관리 철저 • 변경된 설계도서 발행

1.13.5 설계 변경 처리 방안

① 발주자 요청에 의한 처리 방안

- 발주자가 사업 환경의 변동, 사업 기본 계획의 조정, 공법 변경, 기타 시설물 추가 등으로 설계 변경을 지시한 경우 건설사업 관리 기술자는 공사비, 공기 및 공법 등을 종합적으로 검토하여 변경에 따른 영향을 최소화하여 발주자의 이익을 보호
- 발주자의 변경 추진 승인 시 시공자와의 협의를 통하여 공사비 및 기간 연장 등의 변경 없이 추진할 수 있는 방안 제시
- 시공사의 공사비 및 공사 기간 증가 요청 시 철저한 증빙자료의 요청 및 검토를 통하여 영향을 최소화하고 시공사가 제안하는 설계 변경과 연계하여 종합적인 대처 방안 모색

② 시공사 제안에 의한 처리 방안

- 공사비 절감 및 공기 단축의 효과가 있는 경우 시공사의 설계 변경 제안 수용
- 건설사업 관리 기술자는 설계 변경 검토 요청을 접수할 경우, 신속한 검토·확인 작업 후 검토의견서를 첨부하여 발주자에게 보고하며, 발주자의 승인 시 변경 추진

• 공사비의 증액 및 공기 연장을 동반한 변경 요청의 경우 당초 계약금액 및 공기 내에서 설계 변경이 이루어질 수 있도록 대안을 제시

③ 물가 변동에 의한 처리 방안

물가 변동에 의한 설계 변경은 계약 당사자 간의 이해가 상반되는 사안으로 중대한 계약 내용의 변경에 해당되므로, 계약금액 조정에 따르는 엄격한 기준, 절차 등 구체적인 법률 및 시행령, 시행규칙, 계약예규 등에 의하여 계약금액을 조정하여야 하며 이에 대한 대처 방안을 검토 및 보고

④ 설계 변경의 협조체계 구축

• 발주자의 설계 변경 지시가 있을 경우 건설사업 관리 기술자의 본사 PM 및 전문가 그룹과 협조하여 최적의 방안 마련

• 공사금액의 변경 및 기간의 연장이 필요한 경우 건설사업 관리 기술자의 본사 PM(Project Manager) 및 전문가 그룹에 의한 검토를 통한 타당성 확인

참고문헌

1. 설계관리CM 업무수행서, 설계관리, 삼우씨엠, 시공문화사, 2015.
2. CM 설계관리 가이드 북, 삼우씨엠, 시공문화사, 2010.
3. 건축설계 단계별 업무수행에 관한 연구, 대한건축사협회, 1998.
4. 삼우설계 ISO 9001 지침서, 삼우설계, 1997.

part II

정보 관리

진상윤 · 김옥규 · 정운성 · 김태완 · 최철호

chapter 01

건설정보 관리

1.1 건설정보의 개념과 정의

정보란 발생된 자체로의 사실 또는 기호로서 일반적으로 자료 혹은 데이터 (Data)라 불리는 것과 이러한 단순 데이터를 어떤 목적을 위해 의도적으로 수집한 정보(Information), 그리고 특정한 목적에 따라 체계화된 지식(Knowledge)으로 구분될 수 있다. 이와 같이 정보는 처리 단계에 따라 3단계로 분류할 수 있지만, 또한 광의의 개념으로서는 이 3단계를 합하여 정보(Information)라고 한다.

따라서 "건설정보란 건설 활동의 생애주기, 즉 프로젝트 기획, 설계, 시공, 유지 관리 단계에서 발생되는 데이터와 이를 목적에 따라 가공한 정보 그리고 지식으로서 전 생애주기간 건설활동의 의사결정에 활용되는 것"이라고 정의한다(표 1 참조).

[표 1] **정보의 구분 및 특성**

구분 \ 특성		용어	의미	정보 상태	예시
건설정보	데이터 (Data)	데이터 (자료)	단순 사실/ 신호	입력	• 현재까지 진행된 설계 데이터 • 현장 A에서 오늘 진행된 작업별 진행 상태 조사 입력
	정보 (Information)	1차 정보 (생정보)	목적 의식에 따른 수집 자료	수집	• 현재까지 진행된 설계 데이터 취합(건축, 토목, 기계, 전기 등) • 현장 A에서 오늘 수행된 작업들과 작업별 진행률 취합
	지식 (Knowledge)	2차 정보 (가공정보)	처리 가공된 유용 자료	평가, 분석, 가공	• 설계 진도율, 발주자 요구사항에 맞춰 설계 진행 중인지 여부 • 계획에 따라 공사가 진행 중인지 여부 • 어떤 작업이 공기 지연에 영향을 미칠 수 있을지 여부 등등

1.2 정보화의 목적

건설정보는 종류뿐만 아니라 양이 방대하기 때문에 다양한 목적으로 여러 가지 정보 시스템을 사용하고 있다. 그러나 정보 시스템은 정보나 문서관리의 효율화에 그치지 않고 기업의 경영 목표인 수익을 극대화하기 위한 전략적 수단으로 도입하고 있으며, 정보 시스템을 통해 최적의 의사 결정을 지원함으로써 기업경영이나 건설사업관리의 가치를 극대화하는 데 목적을 두고 있다.

Mackinder와 Marvin(1982)이 연구한 결과에 따르면 실무자들은 의사 결정을 하는 데 있어서 주로 자기 자신 혹은 동료들의 개인 경험이나 지식에 의존하는 경향이 있다고 한다. 이렇게 개인의 경험이나 지식에 우선적으로 의존하여 의사 결정을 한다면 최적화된 결론에 도달할 수 있을까? Mackinder와 Marvin은 최적의 의사 결정을 위해서는 개인의 경험이나 지식에 의존하는 것은 조금 뒤로 미루는 것이 효과적이라고 지적하고 있다. 이들은 최적의 의사 결정을 위해서는 첫째, 주어진 상황이나 문제를 명확히 이해하고, 둘째, 상황이나 문제를 해결하기 위한 대안을 충분히 검토해야 하며, 그리고 마지막으로 개인의 경험과 지식을 바탕으로 최적안을 선택하는 것이 가장 바람직하다고 권하고 있다.

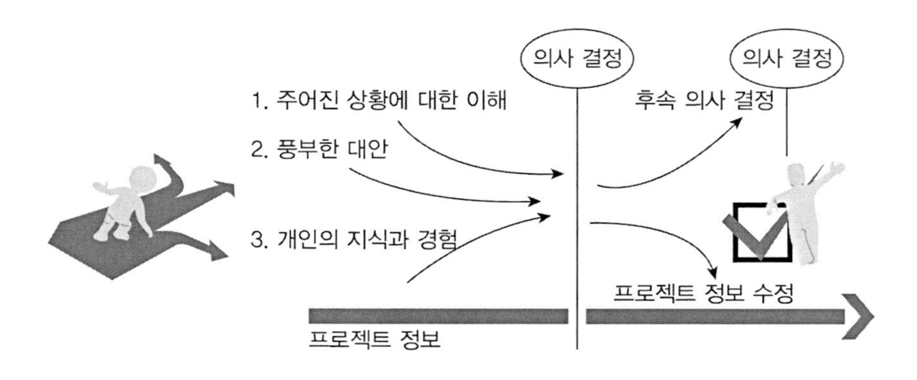

[그림 1]
의사 결정 최적화 과정
(Mackinder and Marvin, 1982)

사실 기업의 정보화는 최적의 의사 결정을 지원하기 위해 앞의 두 가지를 효과적으로 지원하는 데 목적이 있다. 즉, 기업이나 건설사업의 상황이나 발생된 문제를 명확하고 신속히 파악할 수 있도록 지원하고, 해결을 위한 대안 검색을 지원하며, 참여자 간 공유를 통해 신속하고 효과적으로 검토하고 의사 결정을 내릴 수 있도록 지원하는 것이다.

1.3 건설정보 관련 시스템의 종류

건설산업의 기업들은 최적의 의사 결정을 지원하기 위한 기업의 정보화 노력으로 기업경영 관점에서 Enterprise Resource Planning (ERP), 건설 프로젝트 관점에서 Project Management Information System(PMIS) 그리고 임직원들의 경험과 지식을 효과적으로 공유 관리하기 위한 Knowledge Management System(KMS) 등 세 가지 정보 시스템을 중심으로 운영하고 있으며, 그 특징을 살펴보면 다음과 같다.

1.3.1 기업 경영 중심의 정보 시스템 ERP

Enterprise Resource Planning(ERP)는 기업 활동 전반적인 업무를 통합하여 경영 상태를 실시간 파악하고 조정할 수 있게 하는 전사적 자원 관리 시스템이다(윤재봉 외 역, 1998). ERP는 원래 제조업 분야에서 자재소요계획(Material Requirement Planning, MRP)을 지원하기 위한 목적으로 개발되었다. 그러나 제조를 위해서는 자재뿐만 아니라 제조에 필요한 장비, 인력, 자금 등 관련된 자원을 계획해야 한다는 방향으로 개념이 확대되어 명칭도 Manufacturing Resource Planning(MRPII)로 바뀌었으며, 그 개념이 확대되어 기업경영을 포함한 전사적 차원에서 관련된 모든 자원을 계획하고 관리해야 한다는 개념으로 ERP라는 용어가 탄생하게 되었다. ERP는 1990년 중반을 기점으로 정보화와 더불어 건설산업을 포함한 다른 많은 산업으로 전파되었으며, 2015년 현재 ERP는 대기업뿐만 아니라 중소기업까지도 활용하고 있다.

ERP의 도입 목표는 전사적 차원에서 통합 정보 시스템을 구현함으로써 회사 경영 자료를 실시간으로 집계하고 분석하며 재무 및 자금관리의 효율성을 제고시키고 경영 프로세스를 보다 효율화하는 것이며, 그 특징을 살펴보면 다음과 같다.

첫째, ERP는 기업 맞춤형 시스템이다. 예를 들면 한컴오피스처럼 소프트웨어를 구매하여 컴퓨터에 설치하여 사용하는 시스템이 아니라, 마치 맞춤 양복을 입듯이 기업이 속한 산업과 그 기업의 특성에 따라 맞춤 형태로 주문되는 시스템이다.

한 예로 다음 그림은 한국수력원자력(주)의 ERP사례를 보여주고 있다. 이 회사는 원자력발전소를 포함한 건설사업을 발주하고 관리하는 업무를 포함하고 있다. 따라서 일반 시공사와는 전혀 다른 ERP가 구축된다. 그림 2는 이 사례에서 구축된 정보 시스템의 범위를 보여주고 있는데 발전 관리와 건설 관리는 한국수력원자력(주)의 특성에 맞춰 추가된 부분이다. 특히, 건설 관리 부분은 다음 섹션에서 설명할 PMIS에 해당되는 부분은 포함하고 있다. 그 밖에 경영 관리, 관리회계, 재무회계, 인사/노무, 자재/구매, ISP(Information Strategy Planning) 등의 분야를 지원하기 위하여 ERP가 구축되는 것은 ERP를 도입하는 기업들에게는 공통된 사항이지만, 그 구체적인 방법과 시스템 프로세스 등은 기업 특성에 따라 매우 다른 형태로 구축된다.

둘째, ERP 구축에서 기업의 특성을 분석하고 업무 프로세스를 개선하여 기업의 경영 체질을 개선하고 해당 기업에 맞는 최적의 솔루션을 구축하는 것이 가장 중요하다. 그렇기 때문에 ERP 구축은 ERP 전문회사의 컨설턴트들에 의해서만 수행되는 것이 아니라 해당 기업의 상태를 가장 잘 알고 있는 실무자들과 Task Force Team(TFT)를 구성하고 ERP 구축 작업을 진행하는 것이 필수적이다. 왜냐하면 해당 기업의 실무자들의 도움이 없으면 기업 특성이 반영된 ERP를 구축할 수 없기 때문이다. 마치 건축물에 대한 설계도가 발주자의 요구사항을 반영하여 개발되고 이를 기반으로 시공을 하듯이, 실무자가 포함된 TFT를 통해 해당 기업의 요구사항과 프로세스를 분석하고 ERP 구축을 위한 설계안을 개발하고 이를 바탕으로 시스템을 구축하는 과정을 거쳐야 한다.

[그림 2]
한국수력원자력의 ERP 및 PMIS 구축 범위
(한국수력원자력 ERP 추진실, 2003)

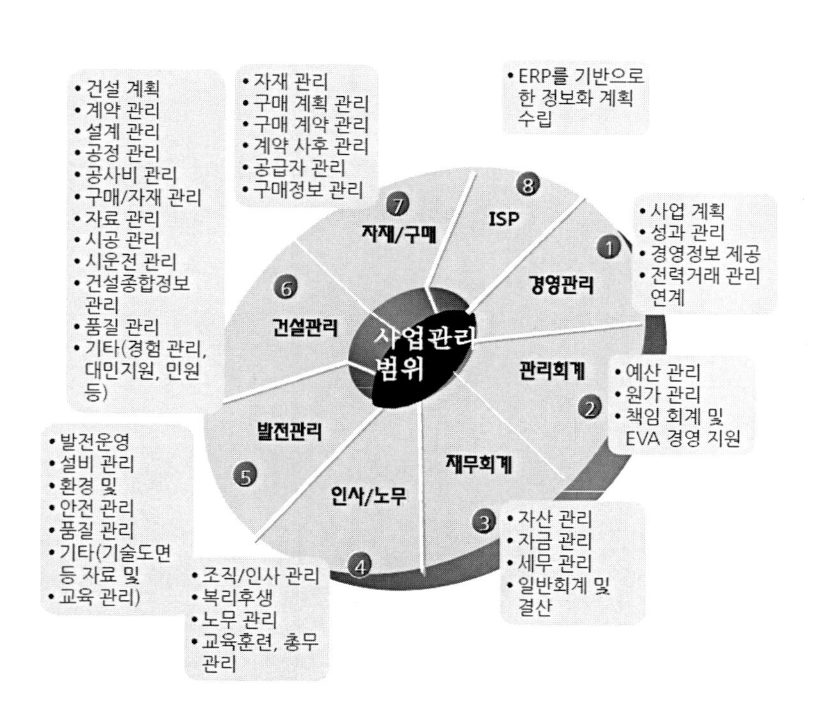

1) ISP(Information Strategy Planning)

ISP는 기업의 중장기 정보화 마스터 플랜인 정보화 전략 계획이다. 현재 기업 정보화는 선택이 아닌 필수가 되었고 대기업의 경우 매년 적게는 수십 억에서 많게는 수백 억에 이르는 금액을 정보화 구축 또는 유지 관리 등에 투입하고 있다. 기업체들은 이러한 투자가 헛되이 되지 않고 기업의 경쟁력과 정보화가 효과적으로 연계될 수 있도록 경영목표에 연계되고 상응하는 정보화 전략 계획을 수립해야 하는데 이것이 바로 ISP이다(신철과 노경하, 2003).

ISP에 포함되는 주요 내용은 기업의 매출, 조직 등에 관한 경영환경 분석, 현재 기업의 정보화 현황을 포함한 정보기술 환경 분석, 현행 업무 분석, 개선 업무 분석 및 개선 과제 도출, 이행 계획 수립 등을 토대로 정보화 추진 방향 및 과제 정의 그리고 수행 계획 수립 등이 있으며, ISP는 한번 수립되면 고정되는 것이 아니라 경영 상태와 기술의 변화를 고려하여 매년 다시 검토하고 수정하는 작업을 거친다.

2) BPR(Business Process Reengineering)

ERP를 포함하여 기업의 정보화 시스템을 구축할 때 가장 우선적으로 해야 할 일 중의 하나가 바로 BPR이다. 구축할 정보 시스템에 대한 효과적인 설계안이 바로 BPR를 통해 개발되기 때문이다. 이는 '기업의 기존 프로세스를 그대로 정보 시스템에 반영하는 것이 과연 효과적 일까?'라는 질문에서부터 시작된다. 왜냐하면 잘못되거나 비효율적인 프로세스를 기반으로 구축된 시스템은 결국 비용 낭비이기 때문이다.

따라서 정보 시스템 구축 초기 단계에서 업무 프로세스상 비효율적인 부분을 발견하고 원활한 정보의 흐름이 기업 전사적으로 이어질 수 있도록 프로세스를 개선하는 것이 필요하다. 기업이 획기적인 성과의 향상을 이루기 위해 업무 처리 과정(Process)을 기본적으로 다시 생각하고 근본적으로 재설계하는 것이 BPR이다. 특히 비용, 품질, 서비스, 스피드 등 핵심 부분을 중심으로 프로세스에 대한 분석과 재설계가 이루어진다. 즉, '어떻게 프로세스를 개선하면 비용을 줄일 수 있을까?', '품질을 향상시킬 수 있을까?', '서비스 만족도를 높일 수 있을까?', '또 스피드를 높일 수 있을까?'라는 질문에서부터 시작하여 개선안을 도출하고 재설계안을 개발한다.

기업 프로세스뿐만 아니라 우리 일상생활에서도 BPR의 사례를 쉽게 찾아볼 수 있다. 예를 들면 주민등록등본이 필요할 때 과거 1990년대까지만 하더라도 주민센터(과거 동사무소)에 가서 신청서를 작성하고 신분증을 확인하는 과정을 거쳤다. 하지만 요즘은 인터넷과 공인인증서를 통해 발행하거나 신분증 확인만으로 바로 등본을 받을 수 있다. 이것도 바로 BPR의 사례이다. 프로세스 개선을 통해 민원인에 대한 서비스 속도와 만족도를 높이는 것이다. 또한 이후에 소개되는 정보화 기술을 이용한 현장 자원 관리 시스템들도 현장 관리에 초점을 둔 BPR의 사례들이다.

1.3.2 건설사업 중심의 정보 시스템-PMIS

Project Management Information System(PMIS, 건설사업 관리 시스템)은 건설사업 관리에 중점을 두고 계약 관리, 도면 관리, 구매 관리, 자원 관리, 문서/자료 관리, 공정 관리, 공사 관리, 공사비 관리, 품질/안전/환경 관리 시스템 등등 다양한 단계의 업무를 위하여 지원되는 프로젝트 중심의 통합 정보 시스템이다. 건설사업의 특성상 이 시스템은 사용자 유형별로도 발주자형, 건설사업 관리자형 그리고 시공자형 등 크게 세 가지 형태로 구분할 수 있다. 물론 대형 사업의 경우 사업특성에 맞춘 별도의 시스템으로 구축되는 경우도 있다.

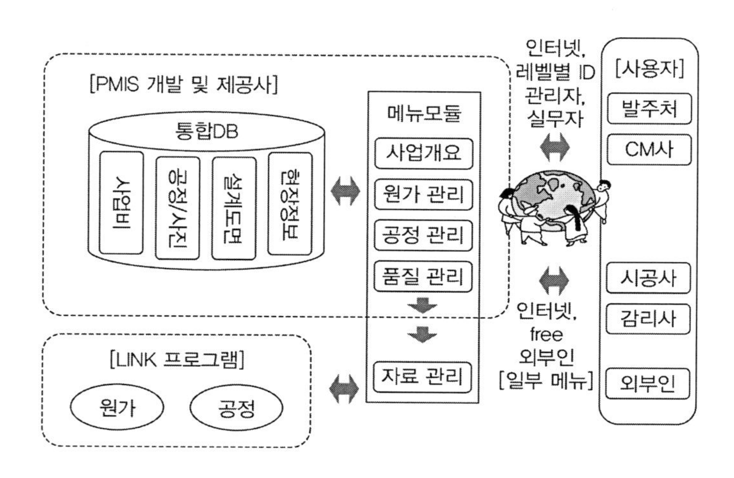

[그림 3] PMIS 기본개념

1) 발주자형 PMIS

한국토지주택공사, 한국도로공사 등등의 공기업들은 매년 수십조에 달하는 많은 건설사업을 발주하고 관리한다. 따라서 각 사업별 사업 수행과 관리, 사업비 집행 관리, 일정 관리 등등을 위한 정보 시스템 활용이 필수적이다.

각 사업별로 계약을 맺은 설계, 엔지니어링, 시공사 등 많은 업체들은 사업 수행과 관련된 수많은 정보를 지속적으로 제출해야 한다. 이 정보들은 양이 거대하여 만약 모든 것들이 종이문서로 제출된다면 그 양은 어마어마하게 될 것이며, 이것을 작성해서 제출하고 다시 발주자의 사업 관리 시스템에 입력하는 프로세스로 진행되는 것은 매우 비효율적이고 시간 낭비가 될 것이다. 따라서 정부기관이나 공공발주 기관들은 앞에서 이미 설명한 BPR를 통해 계약자가 발주자에게 전자문서의 형태로 요구되는 문서를 제출할 수 있는 시스템을 구축하게 되었는데 그것이 바로 CITIS(Contractor Integrated Technical Information System)이다. CITIS 개념은 1998년부터 정부기관과 공기업을 중심으로 구축되어 꾸준히 확장되고 있다. 건축행정 시스템인 세움터도 이러한 CITIS 개념에 의해 구축된 사례 중의 하나이다.

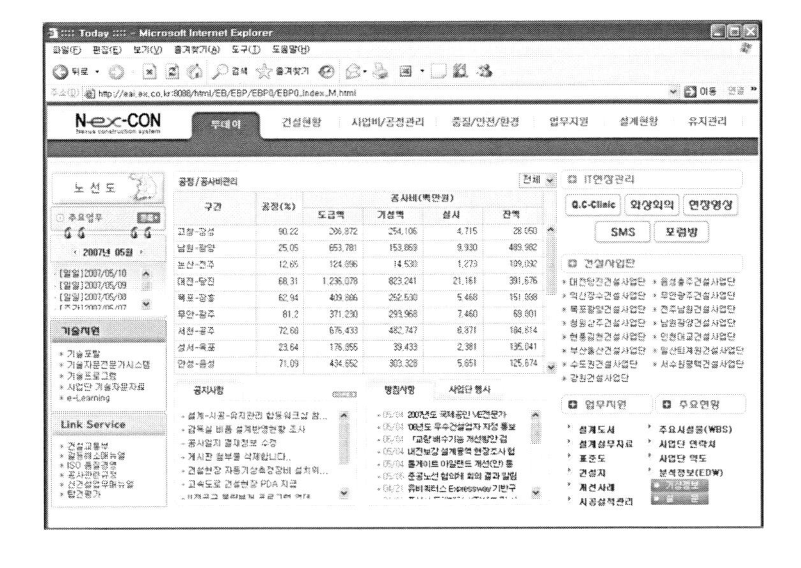

[그림 4] 발주자형 PMIS의 예 (자료 제공 : 한국도로공사)

[그림 5]
한국수자원 공사의 CITIS 개념

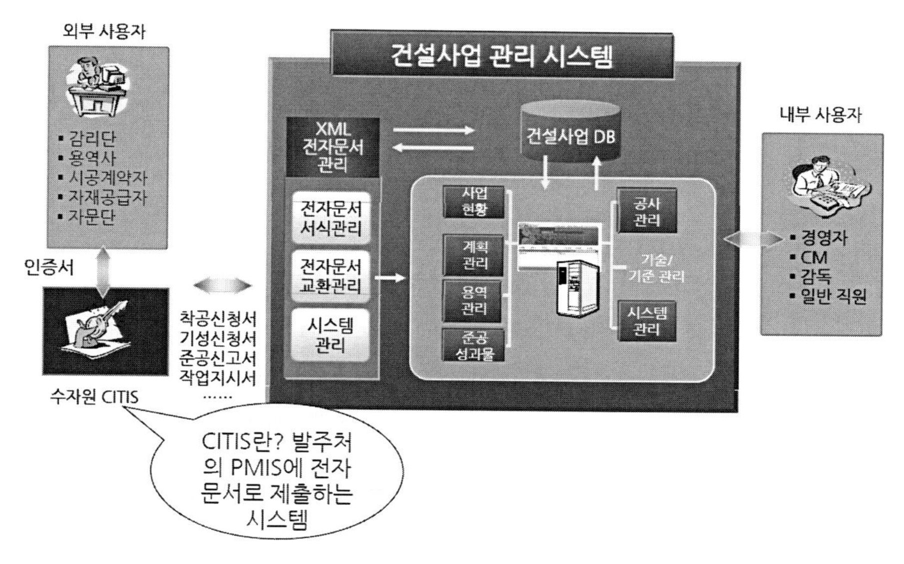

인천 송도신도시 개발 프로젝트는 2003년부터 진행된 여의도 면적의 약 18배에 달하는 53.4km² 규모의 도시개발 프로젝트이다. 이 사업에서는 약 400여 참여 관계사가 약 60여 프로젝트를 수행하였으며, PMIS를 활용하여 프로젝트들을 통합관리 하였다. PMIS에 등록된 자료만도 약 25만 건, 등록된 사용자도 약 3천 명이 넘는다. 프로젝트에서 산출과 유통이 필요한 모든 문서는 PMIS에서 생성하며, 전자결재를 통하여 온라인으로 수발신하여 현장 내 종이 없는 환경(Paperless)을 추구하였다. 또한 모든 문서의 History(이력 관리), Tracking(추적 관리)이 가능하며, 지원 언어도 한글, 영문 등 2개 국어로 시스템을 지원하여 외국사 참여 주체들과도 원활하게 사용하였다.

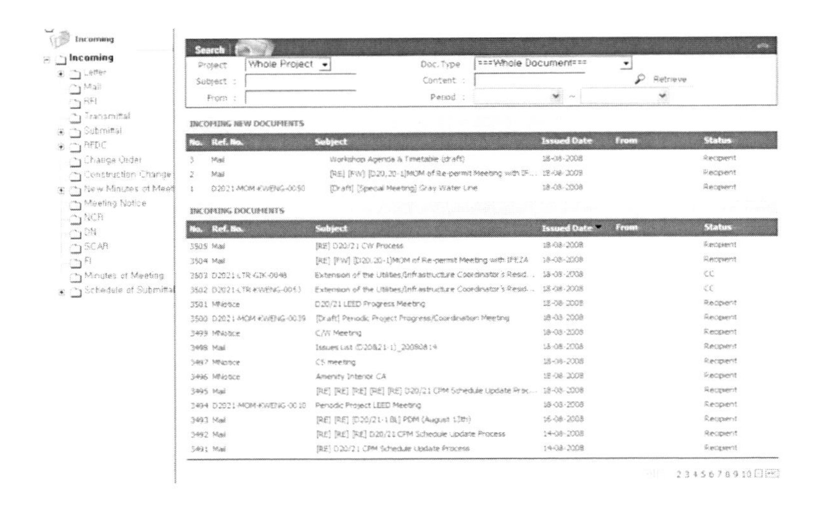

[그림 6]
인천 송도신도시 전경과 PMIS 중 문서관리 (자료 제공 : 두올테크)

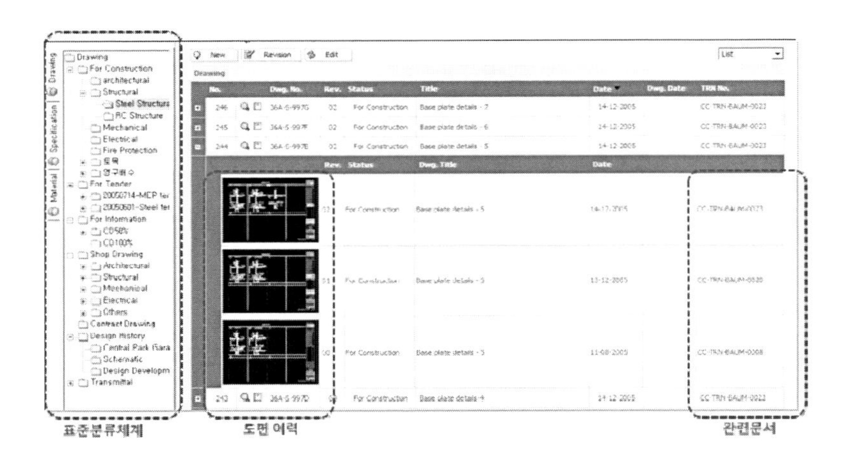

[그림 7]
인천 송도신도시 전경과 PMIS 중 설계도서 관리 (자료 제공 : 두올테크)

2) 건설사업 관리자형 PMIS

정부에서 발주하는 많은 공공 건설사업에서 발주자들은 건설사업 관리자에게 해당 프로젝트를 위한 PMIS를 구축하고 이를 통해 발주자, 건설사업 관리자, 설계자, 시공자 등 참여자들이 프로젝트에 관련된 정보를 공유할 수 있도록 운영할 것을 요구하고 있다. 건설사업 관리자형 PMIS는 본사 차원에서는 해당 기업이 수행하고 있는 건설사업에 대한 정보에 접근하고 건설사업 수행 사항에 관련된 정보를 감독 또는 보고받을 수 있으며, 각 사업단위에서는 설계도서를 포함한 사업에 관련된 정보를 발주자, 건설사업 관리자, 설계자, 시공자 등 참여자들이 공유할 수 있도록 운영하고 있다. 건설사업 관리형 PMIS는 발주자의 대리인으로서 참여자들 간 사업에 필요한 정보를 효과적으로 공유하고 협업을 지원하는 데 초점을 둔다는 점에서 다른 유형의 PMIS와 차별화된다.

[그림 8]
PMIS를 통한 정보 공유
(자료 제공 : 아이티엠코퍼레이션)

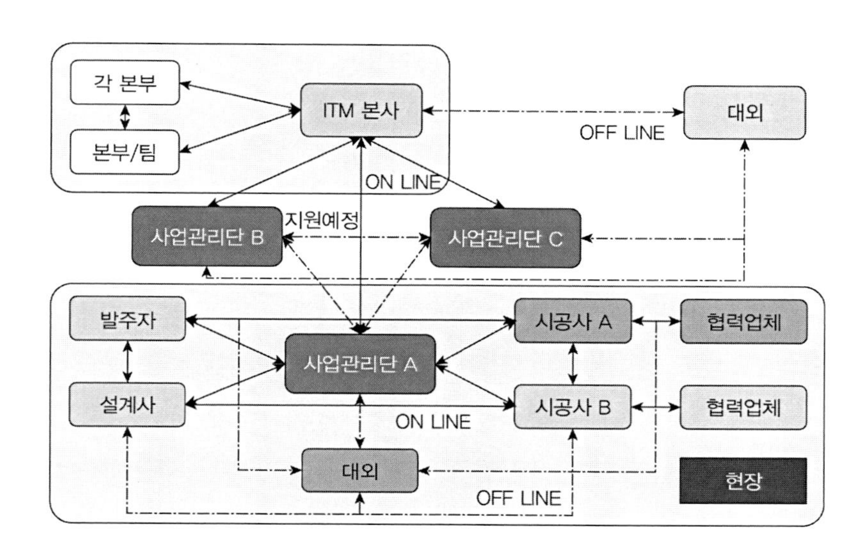

[그림 9]
건설사업 관리자형 PMIS 사례
(자료 제공 : 아이티엠코퍼레이션)

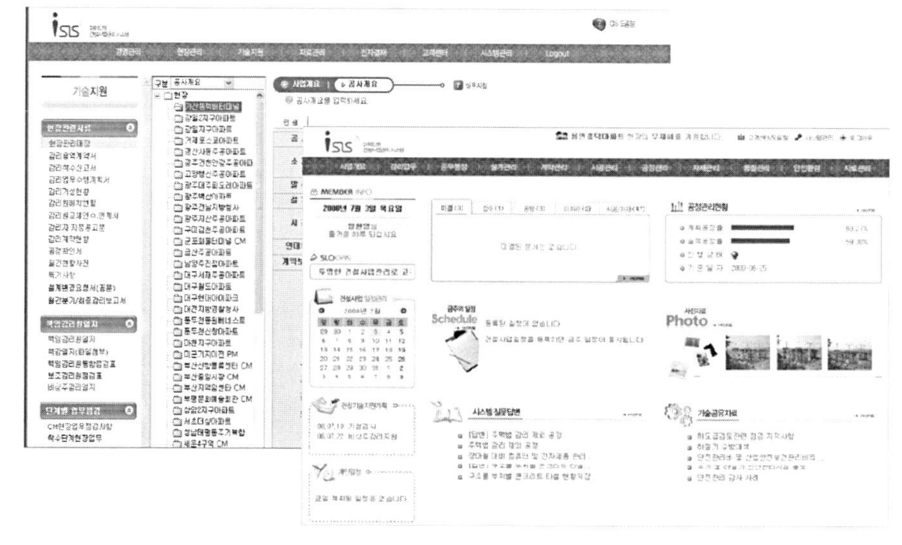

3) 시공사형 PMIS

많은 시공사들은 협력 업체를 포함한 사업 참여자들과 관련 정보를 관리하고 공유하기 위한 목적으로 PMIS를 운영하고 있다. 시공사들은 사업비 관리를 주로 ERP 현장 모듈을 통해 관리하는 한편 공정 관리, 작업일보, 출역 관리, 자재 관리, 장비 관리, 설계도서 관리 등 업무를 중심으로 PMIS를 통해 관리하고 있다. 협력 업체들은 해당 업체가 관련된 정보에 한해 접근할 수 있으며, 각 업체별로 작업일보를 작성하여 제출하면 PMIS를 통해 종합작업일보가 통합되도록 함으로써, 작업일보 프로세스를 보다 효과적으로 수행할 수 있도록 지원해주고 있다.

한 사례로, L공사의 신사옥 건립공사에 적용된 PMIS는 웹 기반의 시스템(Web-based System)으로 공정과 사업비를 통합하여 관리함으로써(비용일정통합관리) 많은 잠재 리스크에 대한 적절한 대응과 함께 공정과 사업비 변화의 정확한 분석 및 예측이 가능했으며, 실제 공정률에 대한 정확한 기성지급을 통하여 발주처 및 시공사가 효율적으로 프로젝트를 관리할 수 있도록 구축되었다.

이 PMIS는 총 11개의 메인 시스템(Main System)과 70개의 서브 모듈(Sub Module)로 설계되었으며, 메인 시스템은 발주자가 제시한 단위업무의 내용을 포함하고 있으며, 단위 업무의 체계적 수행을 위해서 메인 시스템 하부에 그와 관련한 세부항목 모듈을 두고 있다(다음 그림 참조).

[그림 10]
국내 'L공사 신사옥 건립 공사' PMIS 모듈의 구성
(자료 제공 : 두올테크)

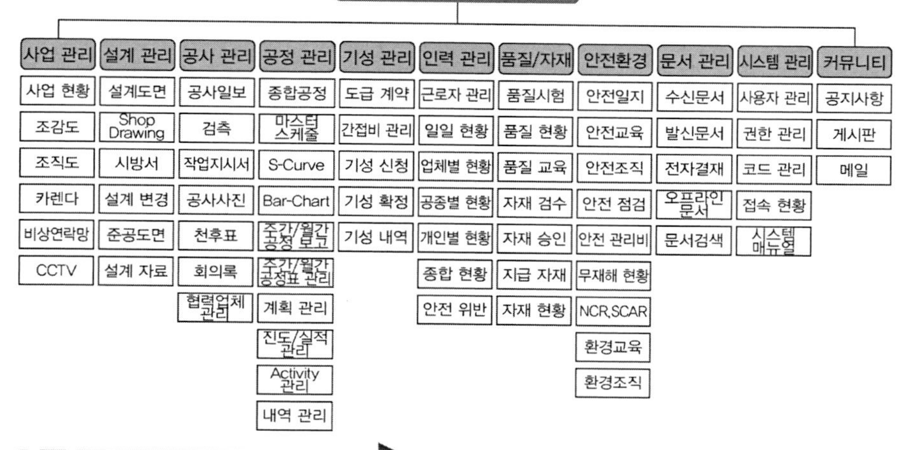

[그림 11]
국내 'L공사 신사옥 건립 공사' 공정 관리 화면 예제
(자료 제공 : 두올테크)

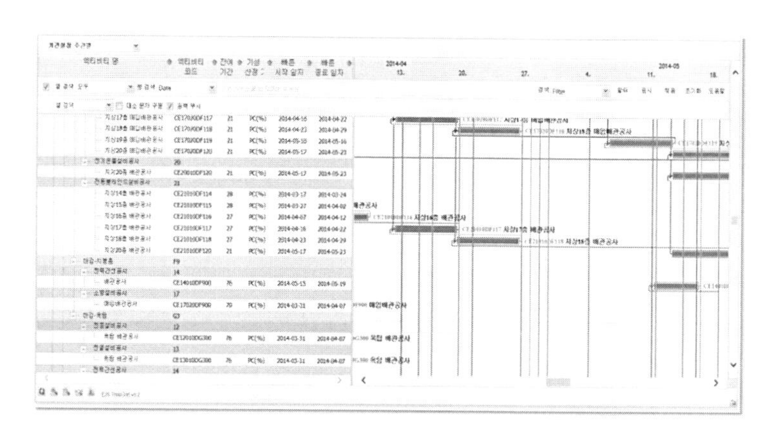

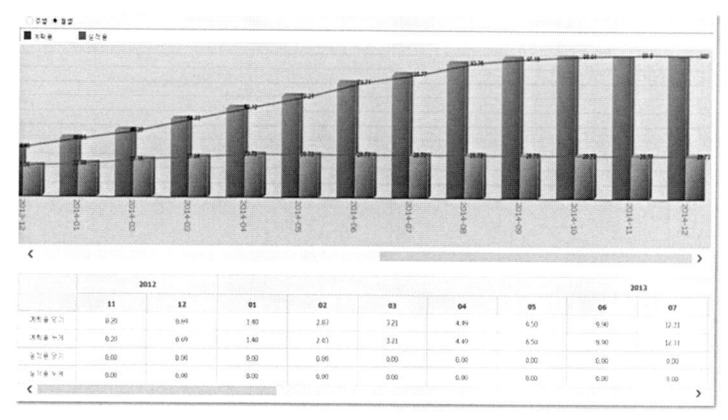

	2012		2013						
	11	12	01	02	03	04	05	06	07
계획율 당기	0.20	0.69	1.40	2.63	3.21	4.49	6.50	9.90	12.31
계획율 누계	0.20	0.69	1.40	2.63	3.21	4.49	6.50	9.90	12.31
실적율 당기	0.00	0.00	0.00	0.00	0.00	0.00	0.00	0.00	0.00
실적율 누계	0.00	0.00	0.00	0.00	0.00	0.00	0.00	0.00	0.00

4) 해외 PMIS 동향

1990년대 후반 이후 미국에서는 웹을 기반으로 하는 PMIS를 개발·보급하는 업체들이 다수 등장하였다. 그러나 개발 초기 단계에서는 열악한 IT 환경 및 사용자의 인식 부족으로 활성화가 되지 못하였지만, 현재 PMIS는 미국의 건설산업에서 건설경영 관리 시스템을 대표하는 형태가 되었다. 해외 PMIS의 공통적 특성은 다음 그림과 같이 계약변경(Change Orders), 질의 및 제출물 관리(RFIs & Submittals), 공정 관리(Project Scheduling), 문서 관리(Document Control), 장비 및 자원 관리(Equipment & Resources), 입찰 관리(Bid Proposals), 업무지시(Transmittals), 구매 관리(Purchase Orders), 원가 관리(Job Costing & Budgeting) 등의 기능을 포함하는 것으로 나타났다.

이들 프로그램들은 현장내부에 서버를 설치하는 대신 SaaS(Software as a Service) 또는 Cloud 기반 소프트웨어 환경이 대세를 이루고 있으며, 사용자들이 현장에서 대부분의 시간을 보내는 건설 특성상 모바일 기반 어플리케이션을 통해 언제 어디서든 여러 가지 다양한 디바이스를 통해 정보 관리 시스템에 지속적으로 접근할 수 있도록 지원하고 있는데, 이러한 동향은 국내 PMIS에서도 매우 유사한 형태로 적용되고 있다.

1.3.3 지식 경영(Knowledge Management) 시스템

1) 지식에 대한 정의

건설사업 관리 및 건설산업에서 가장 가치 있는 정보는 지식정보(Knowledge)이다. 지식은 본 장 1절에 언급한 '데이터(Data), 정보(Information) 및 지식 (Knowledge)' 중에서 지식을 언급하는 것으로 넓은 의미에서 보면 지혜(Wisdom)도 포함하고 있다.

이러한 지식은 일본 호쿠리쿠 국립대 노나카 이쿠지로 교수가 정의했듯이 '형식지(Explicit Knowledge)'와 '암묵지(Tacit Knowledge)'

로 분류될 수 있다. 형식지란 문서화를 중심으로 한, 눈에 보이는 실체로서 정리하고 축적, 공유할 수 있는 지식 형태를 말하고, 암묵지는 문서화되어 있지 않은, 혹은 문서화하기 어려운 내제적인 지식을 말하는 것으로 조직의 문화라든가 프로세스 등을 이야기하고 있다. 또한 암묵지는 지속적으로 형식지화할 필요성도 제시하고 있다. 실제로 지식관리를 추진하고 있는 건설회사들은 형식지 형태의 지식은 수집하여 축적, DB화하고, 암묵지의 경우 매뉴얼 등의 형태로 형식지화하여 축적하는 노력을 하고 있다.

2) 지식 관리와 지식 경영

지식 관리와 지식 경영이라는 용어는 혼용되고 있으며 지식 자원을 관리하기 위한 정보 시스템을 지식 관리 시스템 또는 지식 경영 시스템이라도 한다. 구분하자면 지식 경영이란 지식을 기반으로 한 경영(Knowledge-based Management)이고 지식 관리란 지식 자원 관리(Knowledge Resource Management)이다. 형식지나 암묵지 같은 지식을 다양한 형태로 축적하여 통합 관리함으로써 조직 내 구성원들이 원하는 방식으로 활용할 수 있도록 통합 관리하는 것이 지식자원 관리이며, 이러한 지식자원 관리 체계를 이용하여 구성원 개인뿐만 아니라 기업의 경쟁력을 높이자는 것이 지식 경영인 것이다(김영걸, 2003). 따라서 지식 경영이 더 포괄적인 의미를 담고 있다.

3) 지식 경영의 목적

기업의 지식 경영은 미국을 중심으로 한 정보 관리, 일본의 지식 중심의 기업 생산 혁신, 그리고 스웨덴의 전략 경영 및 성과 측정을 근간으로, 다음과 같은 기업 경영환경의 변화로부터 발전되어왔다.

- 새로운 정보기술(Information Technology, IT)의 개발 및 확산

• 기업 지식자산의 측정 및 관리에 대한 요구
• 기업 간 경쟁 과열
• 꾸준하고 예측 불가능한 방식으로의 변화
• 잦은 이직과 직원의 조기 은퇴 등으로 인한 지식의 상실

스웨덴의 지식 경영 학자인 스베이비(Sveiby)는 지식 경영의 목적을 다음 표와 같이 외부 구조적, 내부 구조적 그리고 경쟁력 강화 등 세 가지 목적으로 구분하여 설명하고 있다.

[표 2] **지식 경영의 목적(Sveiby, 2001)**

목적	세부 목표
외부 구조적 목적	고객으로부터 정보와 지식 습득 고객에게 추가적인 지식 제공 기존 지식으로부터 새로운 수익 창출
내부 구조적 목적	기업 내부에 지식 공유 문화 형성 개인의 암묵지를 획득, 저장, 전파 기업 지식과 관련한 무형자산 측정
경쟁력 강화 목적	지식 경영 기반의 커리어 개발 의사소통기술 및 IT 기술을 활용한 교육 시뮬레이션 및 파일럿 테스트 등을 통한 학습

4) 지식 경영 장애요인 및 극복 방안

특히 건설회사에서의 지식 경영 및 지식공유를 막는 다음 7가지 장애요인들은 효과적인 지식 경영 운영을 위해 신중하게 다루어져야 할 사항이다.

① 시간 부족 : 건설 프로젝트들은 모두 고유의 특성이 있으므로 참여자로 하여금 많은 노력과 시간을 요한다. 더욱이 프로젝트의 주요 목적 중의 하나인 공기 달성은 참여자들로 하여금 항상 바쁘게 느끼도록 만드는 요소가 되기도 하므로 건설 프로젝트 참여자들이 그들의 지식을 가공하여 공유하기 어렵게 만든다. 이를 해결하기 위해 지식을 쉽게 추출하기 위한 작업 템플릿, 그리고 기

업이 보유하고 있는 여유 인력을 활용하는 등의 방안을 생각할 수 있다.

② 의사소통 기술 부족 : 건설 전문가들은 의사소통 기술에 대한 교육을 받지 못한 경우가 많고, 따라서 그들이 아는 지식을 공유하거나 전파하는 적절한 의사소통 기술을 찾는 것에 어려움을 느낀다. 이러한 문제는 특히 암묵지를 공유하고자 할 때 더욱 심각해진다. 이 장애요인은 직원들에게 적절한 의사소통 기술에 대한 교육을 제공함으로써 완화할 수 있다.

③ 최신 지식 부족 : 건설회사가 지속적으로 지식 공유를 권장하고 활성화하고자 할 때 문제가 되는 것으로, 때로는 지식 공유 속도가 건설 전문가들의 지식 생성 속도보다 빠를 때 최신 지식이 부족하여 전체 지식 경영 시스템의 지식 품질이 떨어지는 경우가 있다. 이를 해결하기 위해 직원들이 새로운 지식을 익힐 수 있는 교육 기회를 제공해주고, 의도적으로 조직에 여유를 제공하여 최신 지식을 익힐 수 있는 시간을 부여하는 등의 방안을 고려할 수 있다.

④ 실패에 대한 관용 부족 : 실패한 건설 프로젝트의 원인과 대책 등의 지식은 잘 기록되고 분석되어 조직이 발전할 수 있는 교훈(lessons-learned)으로 활용할 수 있어야 한다. 하지만 프로젝트 실패에 대한 조직적 관용이 부족할 때 구성원들은 프로젝트 실패를 숨기려하고 이에 따라 중요한 지식을 습득하고 전파하는 데 실패하게 된다. 이를 해결하기 위해서는 실패에 대한 관용을 베풀고 실패로부터 얻은 교훈을 다음 프로젝트의 성공에 활용하고자 하는 조직 문화의 변화가 요구된다.

⑤ 투명한 보상과 인정 체계 : 보상과 인정의 효과에 대한 논란의 여지가 있지만, 적어도 건설 전문가가 가지고 있는 지식을 공유하고 지식 경영에 기여할 때 받을 수 있는 보상과 인정을 명확히 하지 않으면 지식 경영이 실패할 수 있다. 이를 방지하기 위해 건설회사는 지식 경영에 참여한 구성원에 대한 투명한 보상 및 인정 체계를 구축하고 시스템의 투명성을 건설 전문가에게 홍보하는 것이 효과적이다.

⑥ 지식 경영을 위한 인프라 부족 : 건설회사는 지리적으로 멀리 떨어진 다수의 현장을 지니고 있고, 따라서 건설 전문가들도 멀리 떨어져 근무하므로 타 산업에 비해 지식 경영에 불리한 인프라를 가지고 있다. 이를 보완하기 위해 건설 전문가들이 함께 만나 정보를 공유할 수 있도록 의도적으로 물리적·가상

적 공간(hallway, IT 등) 등 지식 경영 인프라를 제공하기 위한 노력이 필요하다.

⑦ IT 시스템과 업무 프로세스의 분절 : PMIS, 인트라넷, 지식 경영 시스템(KMS), EDMS(Electronic Document Management System) 등의 많은 시스템들이 건설회사에 도입되고 있지만, 종종 이들 IT 시스템과 업무 프로세스가 통합되지 않아 건설 전문가들의 업무와 지식 경영 시스템 활용을 별개로 하여야 하는 문제점들이 있다. 이를 해결하기 위해서는 건설 전문가들의 업무 흐름을 명확히 파악하고 명시적인 플로우차트로 표현한 후 표현된 업무 흐름에 맞는 효율적 정보 시스템들을 구축하기 위해 노력을 기울여야 한다.

5) 지식 경영 적용 사례

지식관리는 조직이 어떤 형태의 지식에 주안점으로 주고, 지식 경영의 목표를 어디에 설정하는지에 따라 다른 형태로 나타난다. 또한 기존의 지식 경영 시스템에 맞추어 운영하기보다는 조직이 필요한 지식이 무엇인지 알고 이를 적시에 획득, 보관, 배포하려는 노력이 필요하다. 본 절에서는 지식관리를 보다 쉽게 이해를 하고자, CM 회사인 한미글로벌의 지식 경영 적용 사례를 소개한다.

한미글로벌의 지식 경영은 2001년 8월 정보화 전략 계획(ISP)을 수립하면서 시작되었다. ISP 수립 시 도출된 IT 전략 과제 중 하나가 '정보의 지식화'였다. 2001년 12월부터 지식 경영 컨설팅을 시작했고, 이듬해인 2002년 1월에는 지식 경영 추진 전담조직 및 TF팀이 구성되어 지식 경영 도입을 추진하였다. 10월 지식 경영 시스템(KMS)을 개발하였고, 그해 12월 KMS를 가동해 본격적인 지식 경영시대에 접어들게 되었다.

[그림 12]
한미글로벌
KMS
(자료 제공 :
한미글로벌)

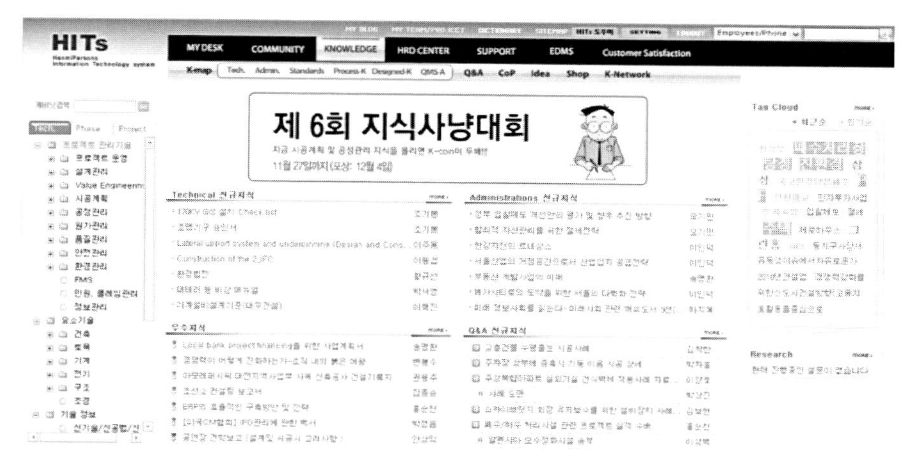

이와 더불어 2003년 3월부터는 핵심지식 혹은 역량을 창출, 공유, 축적하기 위한 모임인 CoP(Community of Practice) 조직을 결성하여 현재 22개의 CoP가 본사 및 현장에서 활발하게 활동하고 있다. 또한 그룹웨어 내 Q&A 체계 구축을 통해 KMS에 등재되어 있지 않거나 검색이 어려운 정보를 맞춤식으로 구할 수 있도록 하여 지식 경영을 기업문화에 성공적으로 정착시켰다.

[그림 13]
한미 글로벌의
CoP 활동
지원 시스템
(자료 제공 :
한미글로벌)

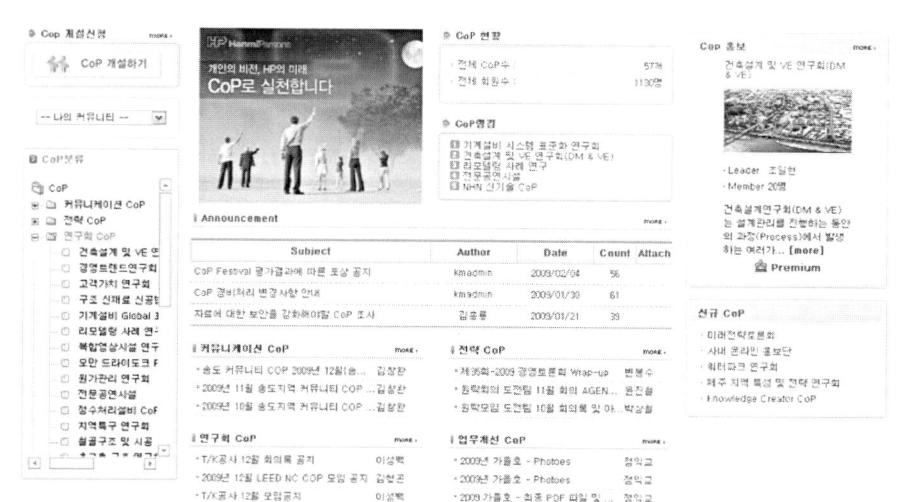

2008년 7월에는 대대적인 지식 경영 고도화 사업을 추진해, 지식 지도를 재설계하고, 지식 경영활동에 대한 평가 및 보상 제도를 수립한 것을 바탕으로 새로운 KMS를 개발하였다. 여기에 더해 2014년 7월에는 자연어까지 검색이 가능하도록 개선했고, KMS와 그룹웨어의 통합검색엔진을 새로 구축하여 현재에 이르고 있다. 2016년 2월 기준, 지식등록활동에는 연간 약 4천 여 건의 지식이 등록되고 있으며, 약 6만 여 건의 지식이 축적되어 있다(한미글로벌의 20주년 통사에서 발췌).

1.4 건설정보 분류 체계

건설사업에 관한 방대한 정보를 다룰 때에는 누락과 중복 없이 정보를 관리할 수 있는 방법 또한 필수적이다. 예를 들면 견적을 할 때 비용항목이 누락되거나 아니면 중복하여 계산한다면 추후 심각한 문제가 발생할 수 있다. 또 공정계획 시에도 중요한 activity가 누락되면 실제보다 공기가 짧게 계산될 수 있으며, 반대로 중복된 activity가 정의된다면 공기가 더 길게 계산될 수도 있다. 따라서 건설사업에서 다루는 방대한 정보를 누락이나 중복됨 없이 효과적으로 관리할 수 있는 방법이 'breakdown structure(분계구조)'이다.

건설정보에는 다양한 breakdown structure를 활용되고 있다. 시설물의 구성요소 정보를 체계적으로 다루기 위해 Physical Breakdown Structure(PBS)를 정의하고, 내역항목을 다루기 위해 Cost Breakdown Structure(CBS)를 정의하며, 공정 계획을 수립하는 데 있어서 activity를 정의하기 위하여 Work Breakdown Structure(WBS)를 정의한다. 또한 해당 프로젝트의 발주자부터 하도급업체까지 전체적인 계약 구조를 다루기 위하여 Organization Breakdown Structure(OBS)가 활용된다.

이런 여러 가지 정보를 체계적으로 관리하는 방법이 표준화되어 있다면 새로운 프로젝트가 생긴다고 하더라도 오류를 최소화하고 효과적으로 해당 프로젝트에 적합한 정보 체계를 구축할 수 있기 때문에 표준화된 정보 체계를 활용하고 있다. 또한 이러한 표준화된 정보 체계는 건설정보들을 효과적으로 관리하는 것뿐만 아니라 검색을 용이하게 하고 또 습득한 정보를 지식기반화하는 데 매우 효과적으로 활용할 수 있다. 이런 표준화가 기업단위뿐만 아니라 산업 또는 국가 차원에서 표준화되어 있으면 산업 차원 또는 국가 차원에서 여러 가지로 활용될 수 있기 때문에 국가 정책이나 산업경쟁력을 높이는 것에도 기여할 수 있다.

우리나라에는 건설교통부에서 공고한 건설정보 분류 체계가 있다. 건설정보 분류 체계는 시설물, 공간, 부위, 공종, 자원 등 5가지 관점을 중심으로 분류하고 사업별 또는 정보별 특성에 맞추어 단일 분류 또는 두 가지 이상의 다른 분류를 조합하여 사용할 수 있는 방법을 제시하고 있다.

[그림 14] **건설정보 분류 체계의 구성 (건설교통부, 2006)**

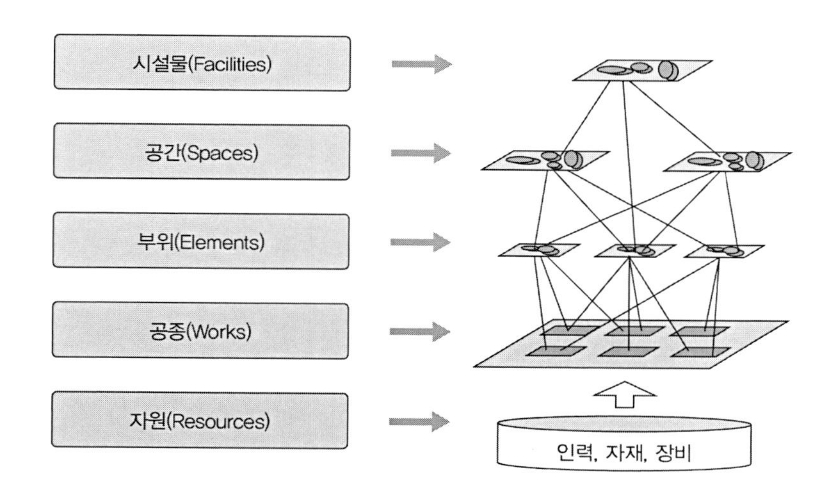

해외의 정보분류체계 관련 대표 사례로는 영국(UK)의 Uniclass와 미국의 OmniClass를 들 수 있다.

Uniclass는 건설에 대한 다양한 관점을 각기 다른 table로 정의하고 프로젝트 특성에 맞춰 조합하여 사용하도록 하고 있다. 그 table은 complexes(전체 프로젝트를 나타냄), entities(건물이나 교량 등 단일 시설물), activities(complex나 entity에서 발생하는 다양한 활동), spaces/locations(activity가 발생하는 공간 또는 위치), element(entity를 구성하는 주요 부재, 예를 들면 기둥이나 기초 등), system(element를 만들거나 특정 기능을 수행하기 위한 부재들의 집합, 예를 들면 HVAC 또는 철도 신호 시스템 등) 그리고 products(시스템을 구성하기 위해 사용되는 개별 제품)으로 구성된다. 이렇게 table별로 분류된 정보를 단일 또는 두 개 이상의 table 분류를 조합하여 해당 프로젝트의 정보를 표현하는 데 활용할 수 있다(Delany, 2018; https://toolkit.thenbs.com/articles/classification).

Omniclass(http://www.omniclass.org/)는 미국 건설산업에 오랜 기간 동안 사용해온 자재 중심의 Masterformat, 부재(element) 중심의 Uniformat이 통합된 체계이다. 영국의 Uniclass와 유사한 개념이며 다양한 관점의 건설정보를 15개의 table을 통해 표현할 수 있도록 제시하고 있다.

1.5 정보화 시스템과 건설 프로젝트 개발 과정

정보화 시스템과 건설 프로젝트는 서로 간에 유사한 점이 많이 있다. 일단 두 가지 모두 기획, 설계, 개발/시공, 유지 관리 단계의 생애주기를 가진다. 발주자의 요구사항을 바탕으로 건설 프로젝트를 기획하고 설계하듯이 정보화 시스템도 사용자의 요구사항을 바탕으로 개발할 시스템을 기획하고 분석하며 정보 시스템에 대한 시스템 아키텍처(system architecture), 사용자 인터페이스(user interface), 프로그램 프로세스(process), 데이터베이스(database) 등을 설계한다. 그 다음으로는 설계도서를 근거로 건축물이나 시설물이 시공되듯이 정보화 시스템에 대한 설계 정보를 바탕으로 정보화 시스템이 개발된다. 건축물이 시험운전 및 테스트 단계를 통해 준공되듯이 개발된 정보화 시스템도 시험운전 및 테스트 과정을 통해 도입되고, 건축물에 하자가 발견되면 이를 보수하듯이 정보화 시스템에 버그가 발생하면 버그를 수정하여 보완한다. 건축물이 유지 관리 되듯이 정보 시스템 또한 유지 관리되고 업그레이드된다.

[그림 15]
정보화시스템과 건설 프로젝트 개발 과정

• 정보화 시스템 개발 과정		• 건설 프로젝트 과정
1. 타당성 조사 및 분석	⟺	1. 프로젝트 기획 및 타당성 조사
2. System 및 Software 설계		2. 설계
3. 프로그램 개발 및 문서 작성		3. 시공
4. 시스템 도입 및 훈련		4. 준공검사 및 시험
5. 운영 및 유지 관리		5. 운영 및 유지 관리

이렇게 정보화 시스템은 개념적으로 건설 프로젝트와 같은 생애주기로 진행되기 때문에 사업 관리(Project Management) 개념이 매우 유사하게 적용된다. 건축물이 지어지는 과정에서 거기에 입주할 사용자들의 의견이 설계안에 반영되고 시공과정에 설계 변경이 생기듯이, 정보화 시스템 개발 또한 IT전문가들에 의해서만 진행되는 것이 아니라, 해당 정보화 시스템을 사용할 사용자들의 요구사항을 반영하고 이들에 의해 개발되는 시스템의 타당성과 그 프로세스의 적합성을 미리 검증해야 한다. 위의 과정을 무시하고 정보 시스템이 적용될 분야의 실무자들이 참여하지 않은 상태에서 개발된다면 결과물은 아무도 사용할 수 없는 정보화 시스템이 될 것이다. 따라서 건설 실무자들이 사용할 정보 시스템의 설계에 실무자들의 요구사항과 실무 프로세스에 근거한 정보 시스템을 갖추기 위해서는 해당 업무의 실무자와 IT전문가들이 공동으로 개발한다는 마음가짐을 가지고 접근해야 한다.

chapter 02

Building Information Modeling(BIM)

Building Information Modeling(BIM)은 디지털기술을 활용하여 3차원 모델뿐만 아니라 건설과 관련된 다양한 정보를 연계하여 프로젝트 정보를 표현하고 기획, 설계, 엔지니어링, 시공 그리고 유지 관리까지 모든 프로젝트 참여자들과 소통하고 공유하는 기술이자 프로세스이고, 또한 일하는 방식이다(Eastman 외, 2011; NIBS, 2018).

2.1 BIM Software의 특징 – 2D CAD, 3D CAD와 BIM은 어떻게 다른가?

2.1.1 2D CAD

전통적인 2차원 도면방식에서 건축사는 머릿속에서는 3차원 모델로 상상하지만 결국 2차원 도면을 통해 표현한다. 다른 참여자들은 그렇게 만들어진 도면을 보고 머릿속에 다시 3차원 모델을 만듦으로써 설계를 이해하고 각자의 업무를 수행한다. 비록 CAD(Computer Aided Design) 프로그램을 통해 도면을 작성하지만 CAD 프로그램은 도면의 정보를 선, 원, 호, 글자 등의 형상정보나 텍스트로서만 인지한다. 우리는 2D 도면의 선을 보고 무엇이 벽인지, 무엇이 마감인지 이해하지만, CAD 프로그램은 무엇이 벽인지 마감인지 구분할 수 없다. 그러다보니 2D CAD로부터 얻을 수 있는 좌표나 형상정보 외에는 거의 없고, 철저히 사람에 의해 해석되어야 한다.

2D 도면 중심 프로세스에서는 프로젝트가 진행되는 동안 관련자

들은 설계를 이해하기 위해 추가도면을 요청하고, 시공 단계에서 설계도서 상이, 누락, 미흡 등의 설계오류들이 발견된다. 이런 경우 설계보완과 설계상 이슈 해결을 위해 시간과 비용이 소요되기 때문에 발주자에게는 공기가 지연되거나 공사비가 추가될 가능성도 많으며, 디자인이 복잡해지고 규모가 커질수록 그 문제는 더 심각해질 수 있다.

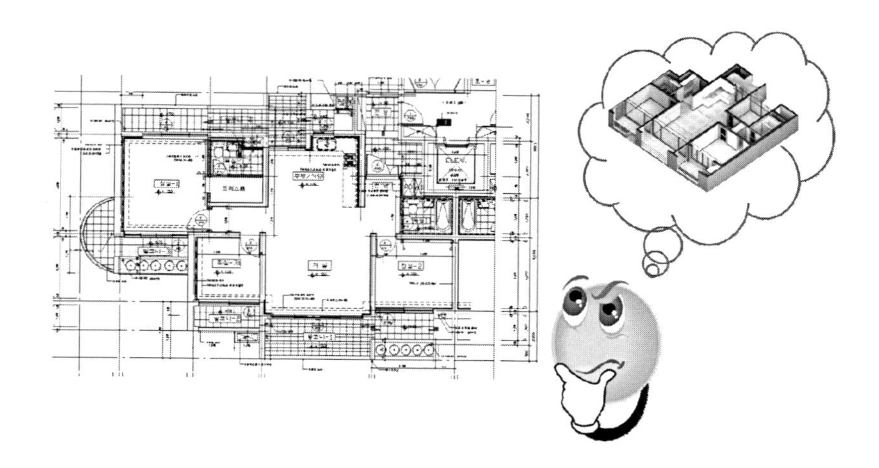

[그림 16]
사람의 해석에 의존하는 2D CAD 프로세스 (진상윤, 2017a)

2.1.2 형상 정보 중심의 3D CAD

2D CAD의 한계를 보완하기 위해 오래전부터 3D CAD가 활용되어 왔다. 3차원 모델을 이용한 설계정보 표현은 형상에 대한 정보를 보다 정확히 표현할 수 있다는 장점은 있다. 하지만 일반적인 3D CAD는 wire frame model, surface model 그리고 solid model을 기반으로 박스, 원기둥, 원뿔, 구 등등 형상정보를 이용하여 표현하기 때문에 소프트웨어 안에 부재정보가 담겨져 있지 않다.

예를 들면, 그림 17은 각종 배관들이 배열된 한 건축물의 내부공간을 보여주고 있다. 그러나 3D CAD 프로그램에서는 배관이 아닌 파란색 원기둥, 녹색 원기둥 등으로 인식되기 때문에 색깔, 원기둥의 길이, 반지름 등 형상정보만 알 뿐이지 색깔별 배관의 의미를 프로그램 자체는 전혀 알 수 없다. 또 기둥을 표현해도 3D CAD는 기둥으로 인식하지 않고 원기둥이나 솔리드 박스(solid box)로만 인지할 뿐이다. 결국 부재, 재료, 성능 등등 관련된 정보가 별도로 관리되어야 하는 한계가 있기 때문에 3D CAD는 디자인 과정뿐만 아니라 전체 건축 프로젝트 과정에서도 대체 업무가 아닌 추가업무일 수밖에 없다.

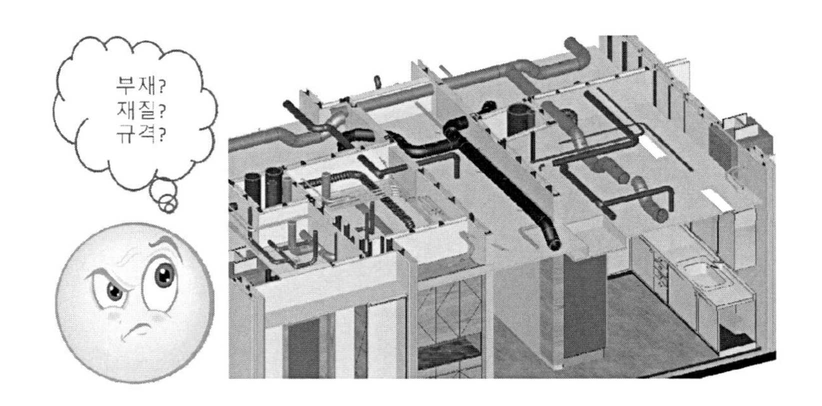

[그림 17] 박스, 원기둥, 구 등 형상정보 중심의 3D CAD (진상윤, 2017a)

2.1.3 BIM은 어떻게 다를까?

BIM 소프트웨어의 가장 큰 특징은 기둥, 보, 슬래브, 벽, 창호, 문 등등 부재정보를 중심으로 3차원 모델을 구축하면서 해당 부재와 관련된 정보를 추가하고 관리할 수 있다는 점이다. 예컨대, 3차원 모델에서는 소프트웨어 자체는 창문이 몇 개인지, 어떤 것이 기둥인지 알 수 없다. 단지, solid box가 몇 개 있는지, 빨간색 원기둥이 몇 개 있는지 등의 정보밖에 얻을 수 없다. 그러나 BIM 소프트웨어를 활용하면 부재 정보를 인지하고 관리하기 때문에 어떤 부재인지 또 그 부재가 얼마만큼 있는지도 바로바로 얻어낼 수 있다는 점이 기본적으로 가장 큰 차이점이다.

그림 18에서 보듯이 BIM에는 3차원으로 건축물을 모델링할 수 있는 기본 객체가 있다. 벽, 문, 창, 기둥, 슬라브, 계단, 지붕, 커튼월 등등 다양한 객체가 있으며 필요하면 기본 객체를 이용하여 새로운

객체를 만들어서 모든 건축물 구성요소를 표현할 수 있다. 또 벽도 내력벽인지 마감벽인지 그 구성은 어떻게 되는지를 객체의 속성 정보를 통해 다양하게 선택할 수 있으며, 그밖에 재료나 색깔은 기본이고 창호의 경우 프레임 두께나 설치 방법까지 조정할 수 있기 때문에 기본 설계에서 실시 설계까지 다양한 상세 수준으로 모델링이 가능하다.

[그림 18]
기둥, 벽, 슬라브 등 객체중심으로 건축구성요소를 표현하는 BIM (진상윤, 2017a)

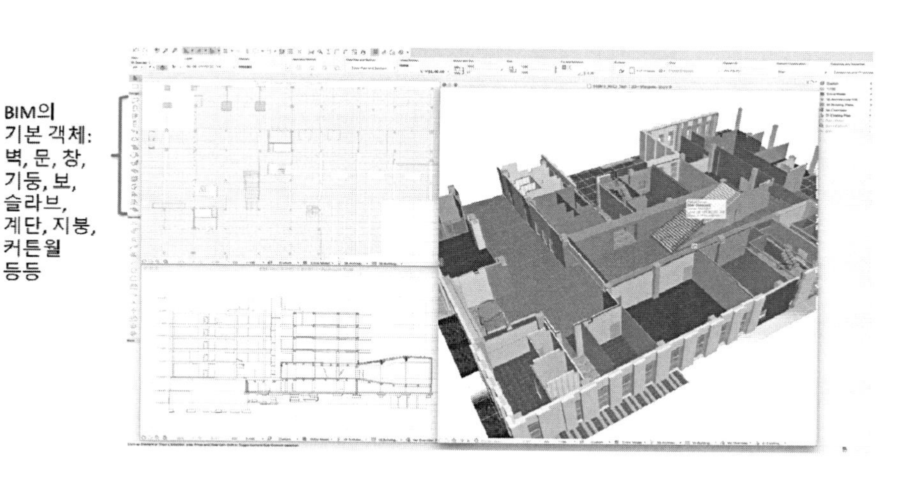

2.2 설계에서 유지 관리까지 다양한 BIM 활용 분야

BIM 객체의 속성정보들을 활용하여 그림 19에서와 같이 매우 다양한 응용이 가능하다. BIM 소프트웨어에서는 기본적으로 부재 정보를 중심으로 형상 정보와 비형상 정보가 연계된 형태로 관리될 수 있기 때문에 각종 부재의 리스트를 뽑거나 심지어 물량 산출, 그리고 각종 시뮬레이션 등 특수 목적의 응용 프로그램들과 연계도 가능하다. 설계 단계에서 각 부재에 대한 재료나 성능, 규격이 정의되고, 시공 단계에서 자재나 제조사 모델 등이 결정되며, 유지 관리 단계에서는 장비나 시설물이 주기적으로 관리 또는 교체되기 때문에 BIM의 속성 정보를 이용하여 설계, 시공 그리고 유지 관리 단계까지 활용할 수 있다. 이는 BIM 프로그램 자체가 전산학적 관점에서 보면 객체 지향 방법(Object-Oriented Method)과 패러메트릭 모델링(Parametric Modeling)을 기반으로 개발되었기 때문이다.

BIM 단어의 가운데 'I'가 Information이라는 점을 명심할 필요가 있다. 이 정보는 바로 건축물 구성 요소를 포함한 프로젝트에 관련된 그 어떤 정보도 될 수 있다는 것을 의미한다. 사이즈나 두께, 색깔과 같은 단순 부위 정보에서부터 자재, 성능, 모델, 제조사, 시공사, 유지 관리 단계에 필요한 이력관리에 이르기까지 다양한 정보를 활용하거나 추가로 정의해가면서 설계, 시공, 유지 관리 단계에 이르기까지 연관성을 가지고 관리할 수 있다.

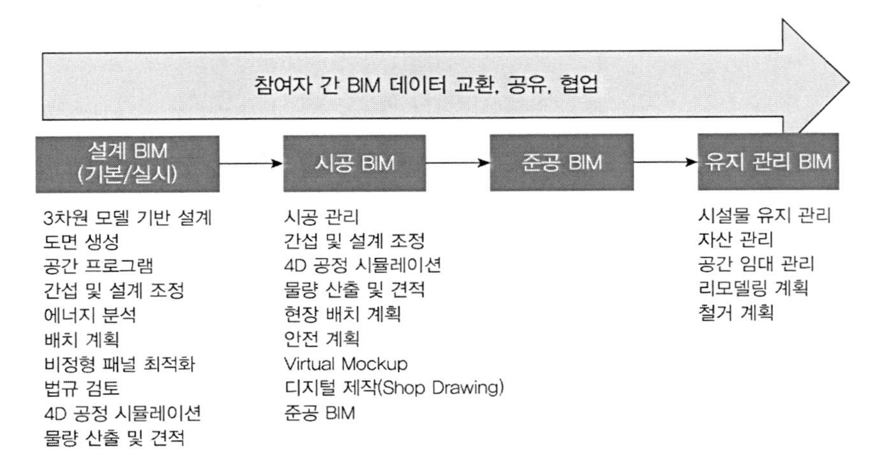

[그림 19]
생애주기 간 다양한 BIM 활용 (진상윤, 2017a)

이상에서와 같이 BIM은 3차원 형상 정보뿐만 아니라 비형상 정보를 포함한 여러 가지 정보들의 집합을 이용하여 건축프로젝트에 관련된 참여자들이 정보를 소통하고 협업을 수행하는 방법과 행위로 정의할 수 있다. 여기서 BIM의 M을 modeling이라 하는 것도 소통과 협업의 행위를 포함하기 때문에 진행형인 modeling으로 표현하는 것이다(NIBS, 2018).

2.2.1 BIM으로부터 도면 생성

BIM 활용에서 건축사에게는 정작 디자인 모델링뿐만 아니라 도면화 과정도 매우 중요하다. 왜냐하면 모델링과 도면화가 별도가 아니라, 이 두 가지가 하나의 BIM을 통해 이루어지고 최종성과물로 도면이 제출되어야 하기 때문이다. 다행히도 제대로만 활용한다면 BIM을 이용한 도면화는 건축사가 BIM을 통해 얻을 수 있는 가장 큰 혜택 중 하나이다. BIM으로부터 도면 생성 체계가 갖추어진다면 인허가 도면은 물론, 실시설계도면, 착공도서까지 건축사사무소에서 설계도서 작성 부분을 외주 주지 않고도 처리가 가능하다. 또한 실시설계도서까지 처리할 수 있게 되니 자연히 디테일이나 기술에 대한 노하우도 축적될 것이다.

지금까지 해왔던 건축물 완성 과정은 건축사가 작성한 각종 2D도면을 기초로 시공 단계에서 관련 기술자들이 각 업무영역의 상세 정보를 더하여 현장에서 완성하는 과정이었다. 설계도서에서 오류가 발견되면 건축사들이 수정해주어야 하기 때문에 애프터서비스적인 뒤처리 업무로 인한 인력과 시간 투입이 만만치 않은 것도 사실이다. 반면, BIM프로세스에서의 건축설계와 시공은 건축물을 이루는 각종 정보를 디지털 데이터로 변환하여 virtual building을 통해 검증한 후 현장에서 완성하는 과정이다.

그림 20에서처럼 BIM에서는 3차원상에서 설계를 확인하고 3차원 모델로부터 도면이 생성된다. 즉, 3차원 모델을 어느 선상에서 보는가에 대한 것으로 (이것을 view라고 함) 높이 1.2m에서 내려다보면 평면도, 바깥쪽에서 건물을 바라다보면 입면도, 단면을 나타내고자 하는 부분을 선으로 표기하면 그 선상에서 보는 단면도가 생성되는 것이다. BIM에서는 3차원과 도면을 함께 보면서 모델 수정이 가능하다. 창문의 위치와 높이를 입면상에서 수정하면 모델 자체에 반영되기 때문에 평면이나 단면에서도 바로바로 반영된다. 이제 더 이상

2D 도면에서와 같이 설계를 수정하다가 몇몇 도면에서 수정사항이 누락되어 발생하는 설계도서 상이에 대한 문제가 사라지는 것이다. 결과적으로 이는 2D 기반 프로세스에 비해 BIM에서는 설계 오류로 인한 뒤처리가 zero 수준으로 없어진다는 것을 의미한다.

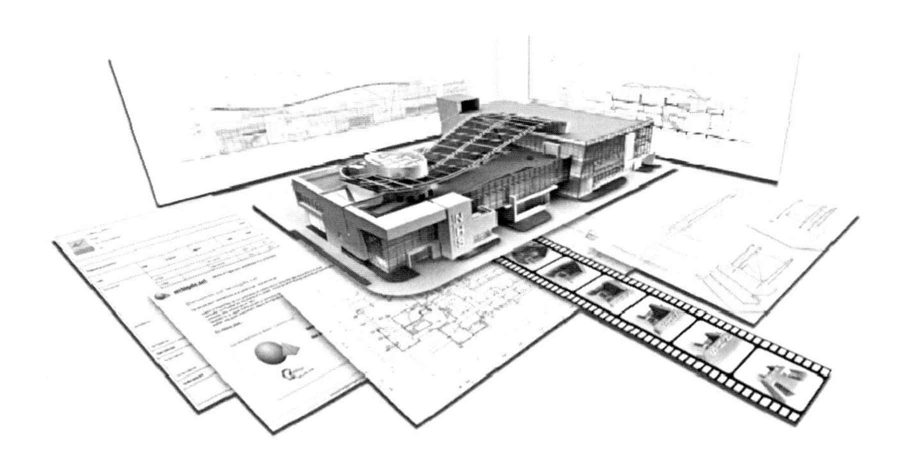

[그림 20] BIM을 통한 각종 도서 생성 개념 (출처: http://www.graphisoft.co.jp/archicad/archicad/)

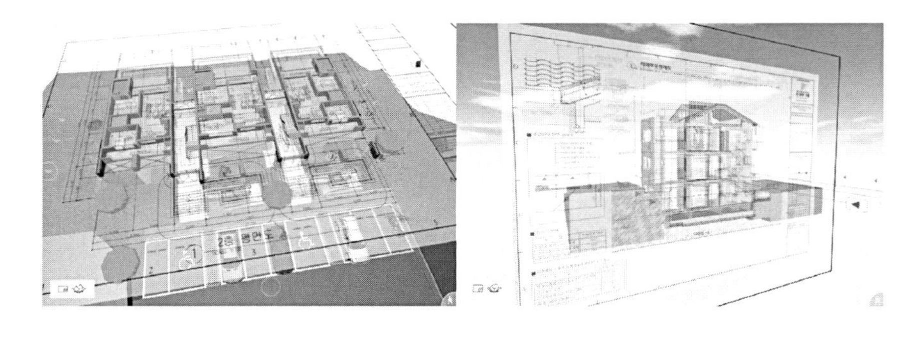

[그림 21] BIM에서 추출된 도면과 BIM 연계 사례 (자료 제공 : 인한양.세림(주) 박상헌 소장)

2.2.2 간섭 체크(Clash Detection) 및 설계 조정(Design Coordination)

도면이 각 분야별로 만들어 지듯이 BIM 또한 건축, 구조, 기계, 전기, 토목 등 분야별로 구축된다. 이렇게 구축된 모델을 통합한 것을 통합모델이라 한다. 통합모델을 통하여 여러 가지 복합공종 간의 문제점을 파악할 수 있는데 그중 하나가 간섭 체크(Clash Detection)이다. 간섭이란 의도되지 않은 설계안으로 서로 다른 부재 간 겹치거나 너무 가까이 붙어 있어 그 상태로는 시공이 불가능한 것을 일컫는다. 예를 들면 기둥부재와 파이프가 겹치는 것이거나 다음 그림과 같이 의도하지 않게 보 부재와 파이프가 겹치는 사례가 해당된다.

간섭은 이를 전문적으로 지원하는 소프트웨어를 통해 부재 간 간섭사항을 빠르고 정확하게 찾아낼 수 있다. 이렇게 발견된 간섭은 관련 공종 분야 설계자들이 모여 그 사항을 확인하고 설계안을 조정하는 과정을 거치게 된다. 간섭체크는 설계 단계뿐만 아니라 시공 단계에서도 전문업체들의 shop drawing이 만들어지면서 서로 다른 공종의 부재 간 문제점을 찾아내는 것에도 효과적으로 활용될 수 있다.

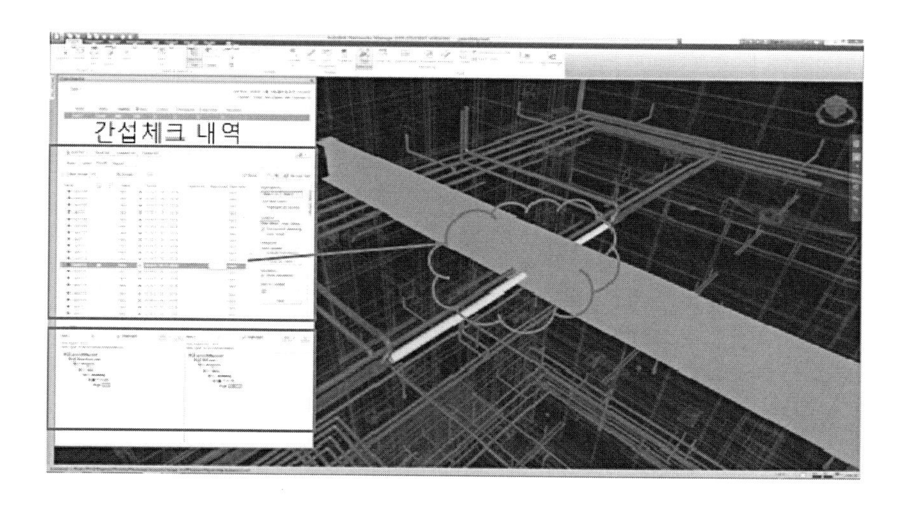

[그림 22] **Navisworks를 이용한 간섭 검토 및 설계 조정의 예시 (보와 파이프 부재 간 간섭)**

2.2.3 공간 모델(Space Model)

BIM을 구축할 때 기둥, 보, 슬라브, 커튼월 등등 부재만 3차원 모델로 구축하는 것이 아니라 부재를 통해 구성되는 공간에 대해서도 모델을 구축할 수 있는데 그것을 공간 모델이라 한다. 이 공간 모델은 설계, 시공, 유지 관리 단계에 걸쳐 다양한 목적으로 매우 유용하게 활용될 수 있다. 설계 단계에서는 발주자가 요구하는 실별 면적을 충족하고 있는지를 신속하고 정확하게 확인할 수 있다. 또한 공간모델은 중심선이나 안목거리를 중심으로 구축될 수 있기 때문에 이 공간모델의 천정, 벽, 바닥의 면적을 이용하여 건축물의 마감재에 대한 물량 산출에도 활용할 수 있다. 또한 공간 모델은 유지 관리 단계에서 공간임대 관리나 시설물 관리에서도 매우 효과적으로 활용할 수 있기 때문에 BIM 구축에서 매우 중요한 부분 중의 하나이다.

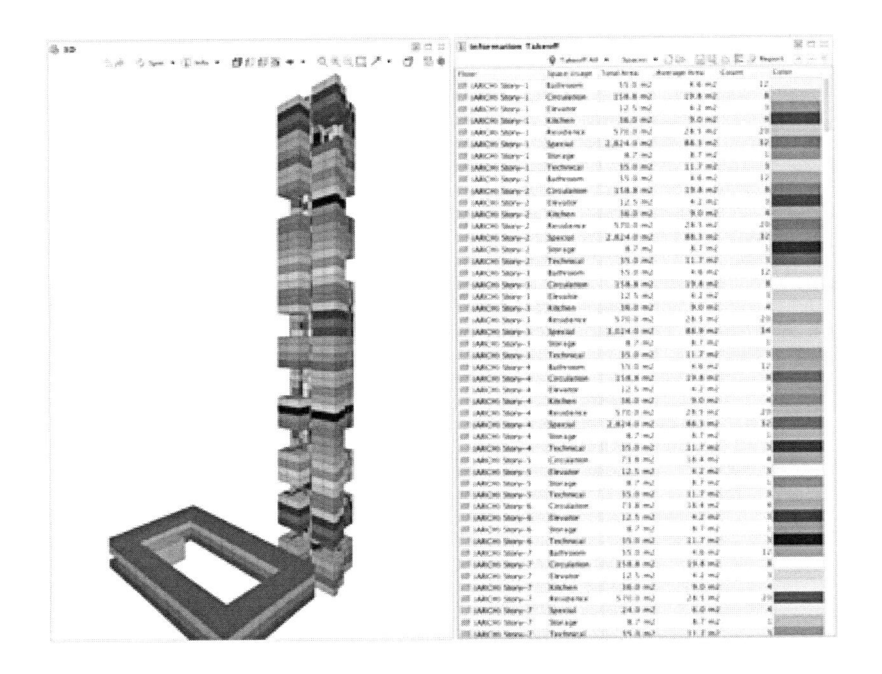

[그림 23] **공간 모델을 이용한 실별 면적 분석 사례 (자료 제공 :** Solibri Model Checker ITO image courtesy of David Oliveira at Cadtec, http://caedro.com/en/buildnewyorkliveaward, access: Nov. 19, 2018)

2.2.4 4D BIM

3D 모델에 시간의 개념을 더해 4D라 칭한 것으로 4D BIM은 BIM과 연계하여 공정계획을 가시화하고 이를 통해 공정계획 또는 공기 만회 대책의 타당성을 효과적으로 검증하며 프로젝트 참여자들 간 일관성 있게 공유하자는 데 그 목적이 있다. 일반적으로 4D BIM은 공정 관리 프로그램에서 생성된 activity를 import하거나 4D BIM 전문 소프트웨어상에서 제공하는 공정 관리 기능을 통해 schedule을 만들고, 각 activity와 관련된 BIM object를 연계하면 각 activity

별 일정 정보를 이용하여 여러 가지 형태로 시뮬레이션할 수 있다.

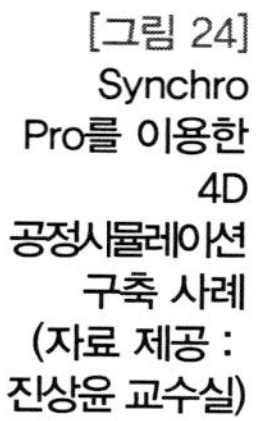
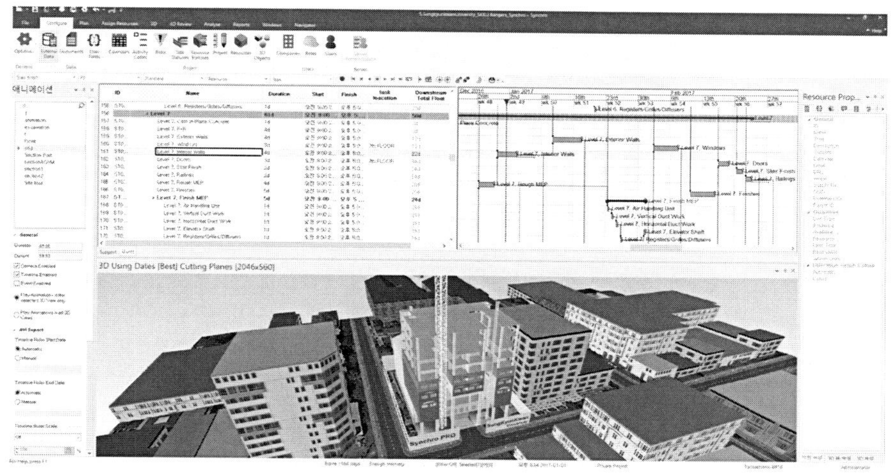

[그림 24] Synchro Pro를 이용한 4D 공정시뮬레이션 구축 사례 (자료 제공 : 진상윤 교수실)

2.2.5 5D BIM

5D BIM이란 4D BIM에 비용의 개념을 더한 것을 뜻한다. 설계 단계부터 BIM에 표현된 부재별로 어떤 공법을 사용할 것인지를 바탕으로 그 공법을 수행하는 데 필요한 작업을 정의하고 그 작업에 대한 물량을 BIM 데이터로부터 가져올 수 있다. 예를 들면 그림 25와 같이 기둥을 철근콘크리트 기둥으로 정할 경우 필요한 작업들은 거푸집 작업, 철근배근, 콘크리트 타설 등의 작업을 구분될 수 있으며 이들 작업 물량을 결정하기 위한 기둥 면적, 기둥 부피, 기둥 단면적과 기둥의 높이 등 다양한 정보를 BIM으로부터 추출할 수 있다. 이렇게 추출된 작업 물량을 이용하여 각 작업에 소요되는 노무, 자재, 장비 물량을 산출할 수 있으며 그것에 단가정보를 적용하면 직접 공사비를 계산할 수 있다.

또한 작업 정보와 BIM으로부터 도출된 부재 및 부재의 위치 정보를 조합함으로써 activity를 추출할 수 있다. 예를 들면 BIM으로부터 '1층 C1 기둥'이라는 정보와 '거푸집 작업'이라는 정보를 조합하여

'1층 C1 기둥 거푸집 작업'이라는 activity를 생성할 수 있다. 이렇게 생성된 activity들에게 선후행 관계를 설정하여 프로젝트 schedule을 만듦으로써 비용과 시간이라는 두 가지 개념을 BIM과 연계하게 되는 것이다.

5D BIM은 설계 단계에서부터 재료나 공법 등 여러 가지 대안을 검토하는 데 있어서 이들 대안에 대한 공사비와 공사기간 등을 신속하고 비교적 정확하게 평가하는 것에 효과적으로 활용할 수 있다. 다만, 아직까지 BIM으로부터 공사비의 100%가 산출될 수 있는 것은 아니라는 점은 염두에 둘 필요가 있다. 왜냐하면 모델 구축의 효율성을 고려하여 BIM에서 모든 부재를 다 표현하는 것이 아니라 대표부재를 중심으로 표현하기 때문에 BIM에서 표현되지 않는 부분들은 별도의 과정을 통해 물량을 산출해야 한다. 따라서 BIM 기반의 물량 산출이나 견적에서는 어떤 내역 항목에 대한 물량을 BIM으로부터 직접 또는 간접적으로 추출할 수 있는지 또 어떤 내역은 다른 방법으로 산출해야 하는지에 대한 전략과 계획이 우선적으로 수립되고 수행되어야 한다.

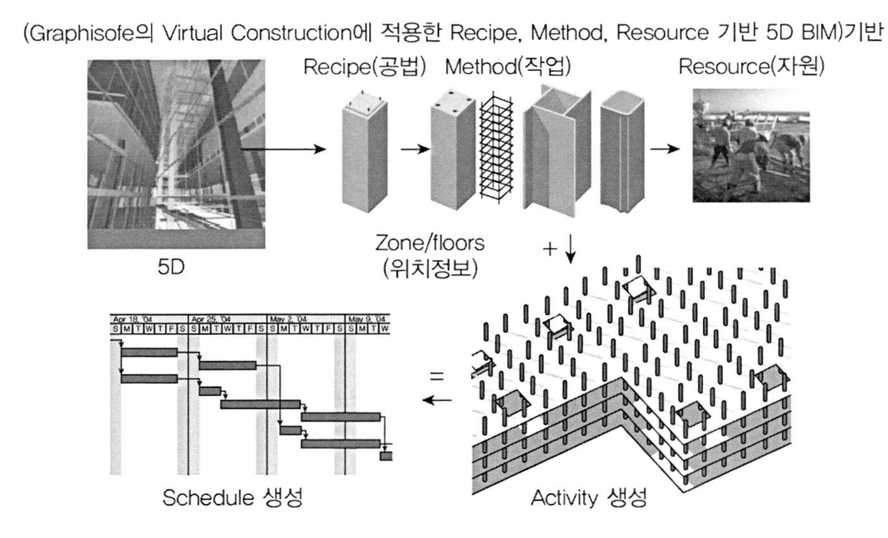

[그림 25] **Graphisoft사의 Virtual Construction에 적용한 5D BIM 개념 (자료 제공 : 한국그래피소프트)**

2.3 비정형 건축물과 BIM

비정형 건축물의 대표적인 사례로 동대문 디자인 플라자(DDP)와 미국 LA에 소재한 월트디즈니컨서트홀 등을 들 수 있다. 이러한 건축물은 2D 도면만으로는 표현할 수도 또 그 설계안을 이해하는 것에도 한계가 있기 때문에, 비정형 건축물의 설계, 엔지니어링, 시공 과정에서 BIM 활용은 필수적이다. 건축물의 형태뿐만 아니라 외피와 구조 간의 관계, 실내 인테리어 설계, 부재 제작 및 시공, 서로 다른 공종 간 인터페이스, 간섭 검토 등등 모든 부분에서 BIM이 활용되어야 한다.

[그림 26] 동대문 디자인플라자 (출처 : www.ddp.or.kr)

[그림 27] 월트디즈니컨서트홀 (자료 제공 : 진상윤)

특히 비정형 건축물의 외피가 패널 조립을 통해 이루어질 경우 그 패널 크기, 형태, 곡률 등등에 대한 최적화 작업이 필수적이며 이러한 과정에서도 BIM이 활용되어야 한다. 다음 DDP 사례에서와 같이 외피를 이루는 금속패널의 크기와 형태 그리고 굽은 방향과 곡률 등을 고려하여 이중곡면패널을 최소화하기 위한 패널최적화(Panelization) 작업이 전문 BIM 소프트웨어를 통해 수행되었다. 이 수행을 통해 금속외피의 34% 정도는 평패널로, 27% 정도는 단일 곡면의 패널로, 그리고 약 39%의 패널을 이중곡면으로 처리하는 것으로 최적화하였다(그림 28 참조).

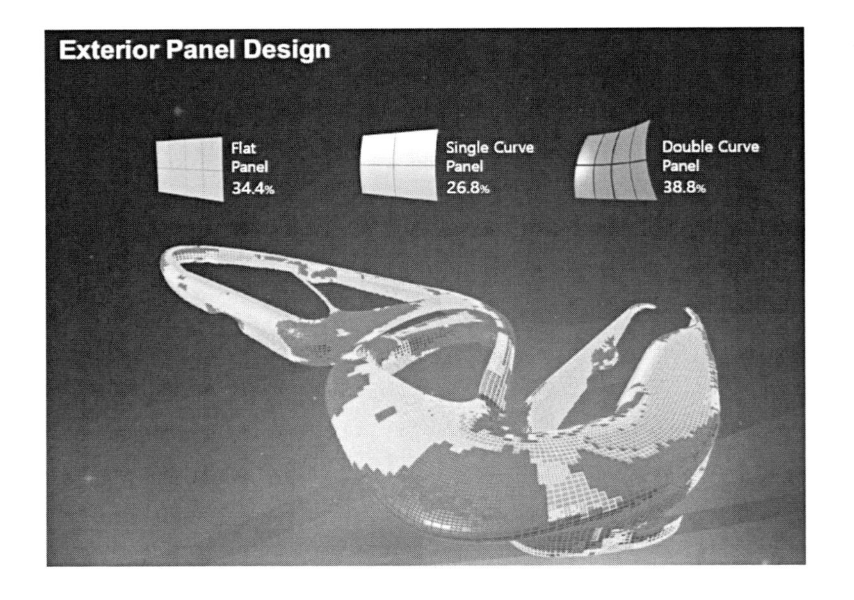

[그림 28]
DDP에서 패널 최적화
(자료 제공 : 동대문디자인 플라자 소개 동영상자료, 삼우종합건축 사사무소)

비정형 곡면패널은 시공되기 전에 반드시 실물과 동일한 Mock-Up을 만들어 설계 디테일, 시공성, 시공품질 등을 검증하는 과정이 필수적이며, 이 Mock-Up 과정에서 문제가 발견될 경우 반드시 원인 분석을 통해 문제를 해결한 후 제작 및 시공으로 진행되어야 한다. 또한 비정형 건축물은 Digital Fabrication 프로세스로 제작, 설치되지 않을 경우 패널 간 줄눈이 일정치 않고 패널 간 곡률의 연속성을 확보하는 것이 불가능하거나, 부정확한 부재 생산으로 시공하자 또는 시공품질 저하가 발생할 수 있다. 따라서 BIM으로부터 부재 제작에 필요한 좌표값, 길이, 두께, 곡률 등의 데이터를 추출하여 정확한 부재를 제작하고, 시공된 부재에 대한 실측을 통해 허용오차 범위 내에서 설치되었는지를 지속적으로 관리하는 Digital Fabrication 프로세스가 비정형 건축물에서는 필수적이다(김성진, 2014).

2.4 시공 BIM 사례-한국토지주택공사 진주 본사 사옥[1]

[그림 29]
LH 시공 BIM
(자료 제공 :
두올테크)

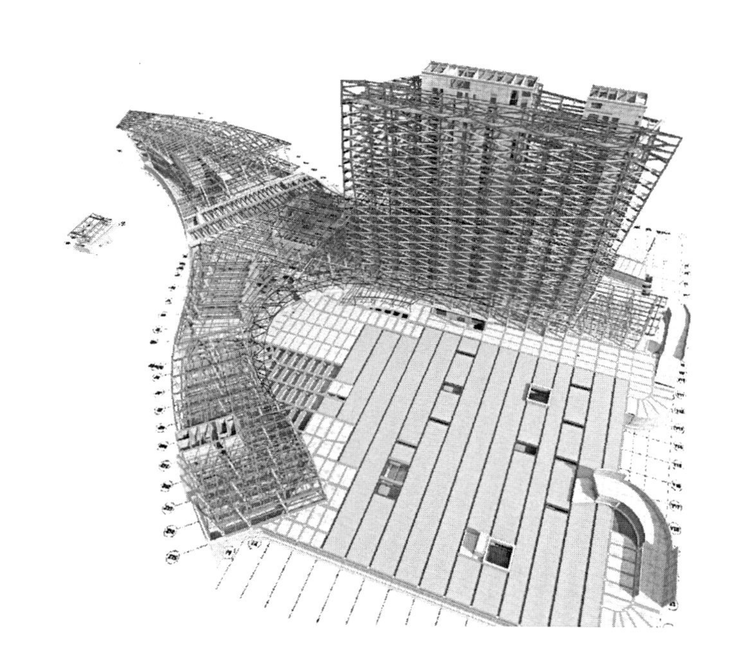

한국토지주택공사(이하 LH)의 경상남도 진주 신사옥 프로젝트는 상세한 BIM 발주지침에 의거하여 수행계획이 수립되고, 현장에 상주하는 BIM Team에 의해 시공 단계에서 BIM 수행된 대표적인 사례이다. 시공 BIM 수행을 위해 발주자, 시공자, BIM팀이 공동으로 수

1) 박규현 외, 2014.

립한 세부적인 BIM 수행 계획을 기반으로, 발주자가 직접 참여하는 BIM Room 협의와 BIM Room 개방에 의한 전문 업체 실시간 지원을 통해 프로젝트의 전 구성원이 참여할 수 있는 BIM 기반 협업 환경을 구축하였으며, 이를 통해 공사비의 약 16%에 해당되는 부분의 시공 리스크를 효과적으로 해결할 수 있었다(Kim 외, 2017).

[표 3] **진주 신사옥의 BIM팀 구성원 및 역할**

구분	분야	인원		역할
시공 BIM 관리자	총괄	1	6명	전체 BIM 관련 업무 총괄
공정 및 보고서	공정, 비용, 보고서	1		공정별 통합, 간섭 검토, 공사현장 관리 계획, BIM 보고서 작성
건물 및 대지	건축, 구조, 토목, 조경	2		분야별 BIM 작성 지원, 정보 추출(물량 검토), Shop지원 등
MEP	기계, 전기, 통신, 소방	1		분야별 BIM 작성 지원, 정보 추출(물량 검토), Shop지원 등
데이터 관리	코드 체계, 라이브러리	1		WBS에 따른 코드 구축, BIM 라이브러리 수정·취합·운영

[그림 30] **LH 진주 사옥의 BIM Room 협업 사례 (자료 제공 : 두올테크)**

[그림 31]
**한국토지주택공사 진주 사옥 메인오디토리엄 3차원 단면 모델
(자료 제공 : 두올테크)**

이 사례에서는 시공 BIM을 통해 협력 업체에 필요한 정보를 제공하고 또 협력 업체가 작성한 shop drawing을 확인하는 프로세스로 진행하였다. 시공 BIM 정보는 철골, 커튼월, 외장 패널 등에 대한 BIM 데이터를 기반으로 제작 BIM을 구축하고 부재를 제작하는 공종과 철근콘크리트, 기계, 전기 공종 등과 같이 BIM 데이터로부터 필요한 단면이나 설계 정보를 참고로 shop drawing 제작에 활용하는 공종 등 크게 두 가지 형태로 수행되었다. 또한 필요시 작성된 shop drawing을 기반으로 BIM 통합 모델을 구축하고 타 공종과 간섭 및 시공성 검토를 수행하고 발생된 이슈를 해결함으로써 시공 리스크를 최소화하는 데 BIM을 적극 활용하였다. 제작 업체별로 제작 과정에서 각각 다른 소프트웨어를 사용하기 때문에 BIM과 데이터 호환을 위해 IFC(Industry Foundation Classes), IGES(Initial Graphics Exchanges Specification) 등 다양한 표준 데이터형식을 통해 서로 다른 프로그램 간 BIM 데이터를 교환함으로써 호환성의 효율화를 극대화하고 BIM team과 협력 업체 간 효과적인 협업을 수행할 수 있었다.

이 프로젝트에서 BIM은 부재 간 간섭, 설계도서 오류, 누락, 미흡 등 설계 오류 파악, 미관 검토, 시공성 검토, 성능 및 품질 검토, 물량

검토 등 의사 결정 지원, 그리고 승인도서 및 제작도서 지원 등 세 가지 분야를 중심으로 수행되었다.

• 부재간섭의 예
– Issue No.5 : 지열 옥외 트렌치 배관과 맨홀, 우오수관로 간섭으로 인한 검토·조정
• 상이의 예
– Issue No.57 : 지상1층 Y16~17, X8~9열 구간의 AB6A 부재 규격 상이(구조평면도, PC도면)
• 누락의 예
– Issue No.81 : 지상업무지원시설 우측 지상2층에서 3층 지붕까지 연결되는 Wing 형상유지를 위한 기둥배치 필요

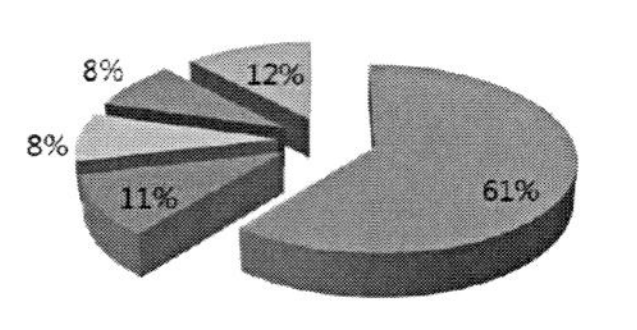

설계오류 확인 건수 : 총 143건

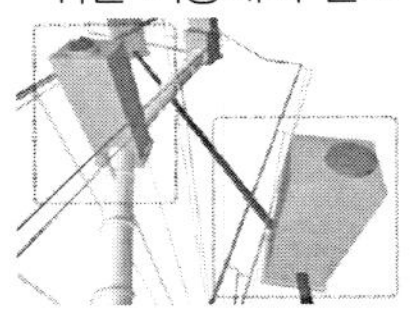
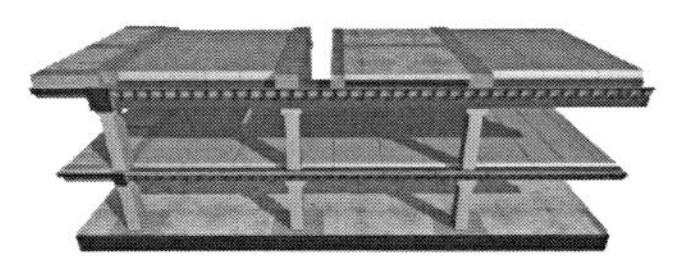

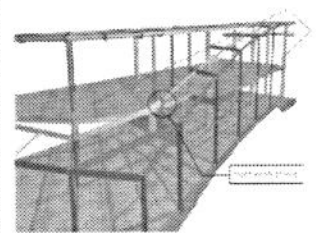

[그림 32] **진주신사옥 BIM 이슈 및 원인 검토 (자료 제공 : (주)두올테크)**

이 사업의 참여자들은 BIM 수행을 통해 간섭 해결, 시공디테일 이해, 도서오류 파악, 의사소통 등에 큰 효과가 본 것으로 파악되었다. 특히 실제시공을 수행하는 전문업체들 관점에서 BIM 효과가 큰 것으로 분석되었는데 이는 시공의 직접적인 실행 주체가 전문업체란 측면에서 볼 때, 시공 단계에서의 BIM 활용이 실제 업무 수행에 효과가 있음을 보여주는 것이다.

전문업체들은 미흡한 설계도서 보완, 비정형 부분에 대한 시공 리스크 제거, 설계안 이해 용이로 인한 shop drawing 제작 오류 최소화 및 생산성 향상, 타 공종과 간섭 및 이슈 확인과 해결 용이, BIM Room을 통한 의사소통 원활화, 재제작 감소로 인한 손율 감소 등이 BIM을 통한 효과로 나타났고, 철골이나 커튼월 등 일부 공종의 경우 수주 경쟁력을 위해 BIM 활용 능력 확보가 필수인 시대가 되었다.

chapter 03

Smart Construction

3.1 Smart Construction 정의와 목적

정보통신기술이 융복합화된 4차 산업혁명(Industry 4.0) 시대로 발전하면서 제조업 분야에서 Smart manufacturing이라는 개념이 탄생하였다. Smart Manufacturing은 생산 및 공급 사슬망 전반에 걸쳐 IoT(Internet of Things, 사물인터넷)를 통한 실시간 데이터 수집 및 파악, AI(Artificial Intelligence)와 Machine Learning을 이용한 추론 및 대응, 로봇기반 생산 등등 기업생산 전 과정에 대한 계획 및 관리 등을 4차 산업혁명 대표기술인 최첨단 센서와 로봇, 인공지능, 정보통신기술 융복합 등을 통해 다양한 내외적 생산 수요에 효과적으로 대응하고 생산 가치를 극대화하는 것을 의미한다(Davis et al. 2012).

국내외적으로 많은 국가와 기업들이 이와 같은 개념을 건설업에 적용함으로써 경쟁력과 가치를 극대화하고자 하는 노력을 기울이고 있는데, 이것이 Smart Construction이다. 따라서 Smart Construction은 설계, 엔지니어링, 시공, 유지 관리 단계 등 전 생애주기에 걸쳐 BIM 및 각종 3차원 기술의 활용, IoT 및 각종 센서와 무선네트워크를 통한 실시간 데이터 수집 및 파악, AI와 Machine Learning을 이용한 추론 및 대응, 로봇 기반의 시공 및 유지 관리 등등을 통해 내외적 요구사항에 효과적으로 대응하고 기업, 건설생산과정 그리고 시설물의 가치를 극대화하기 위한 체계로 정의할 수 있다.

사실 Smart Construction을 위한 노력은 이미 2000년대 초반부터 유비쿼터스 컴퓨팅(ubiquitous computing) 기술의 응용을 통해 여러 가지 형태로 진행되어왔다. 유비쿼터스 컴퓨팅 기술은 4차 산업혁명 기술의 대표기술인 IoT의 전신으로 센서와 무선네트워크 그리고 작은 프로세서를 통해 언제, 어디에서든 데이터를 수집하고 전달할 수 있다는 ubiquitous sensor network(USN) 또는 wireless sensor network(WSN) 기술이다. 이러한 기술들은 2000년대 초반부터 건설현장, 교량, 홈오토메이션(Home Automation), 그리고 스마트 도시 구축 등등에 다양한 형태로 적용되어왔다. USN이나 4차 산업혁명기술 등 다양한 정보통신기술들이 건설산업에 어떻게 적용되어왔는지 사례를 살펴보면 다음과 같다.

3.2 USN 기반 Smart Construction 응용 사례

3.2.1 생체 인식 또는 무선 인식 기술을 이용한 건설현장 출역 관리

건설현장에서 출역 관리는 중요한 업무 중의 하나이다. 출역 관리를 통해 누가 현장에 언제 출근하고 퇴근하였는지, 직종별로 몇 명이 나왔는지, 협력 업체별로 몇 명이 나왔는지 등등을 알 수 있다. 이런 출역 관리를 위하여 RFID(Radio Frequency Identification, 무선인식전자카드) 또는 지문 인식, 지혈류 인식, 홍채 인식, 얼굴 인식 등 생체 인식 기술들을 이용하여 각 개인별·업체별·공종별로 출역 상황을 효과적으로 관리할 수 있도록 정보 시스템을 활용하고 있다.

[그림 33]
RFID기반
출역 관리
(자료 제공 :
두올테크)

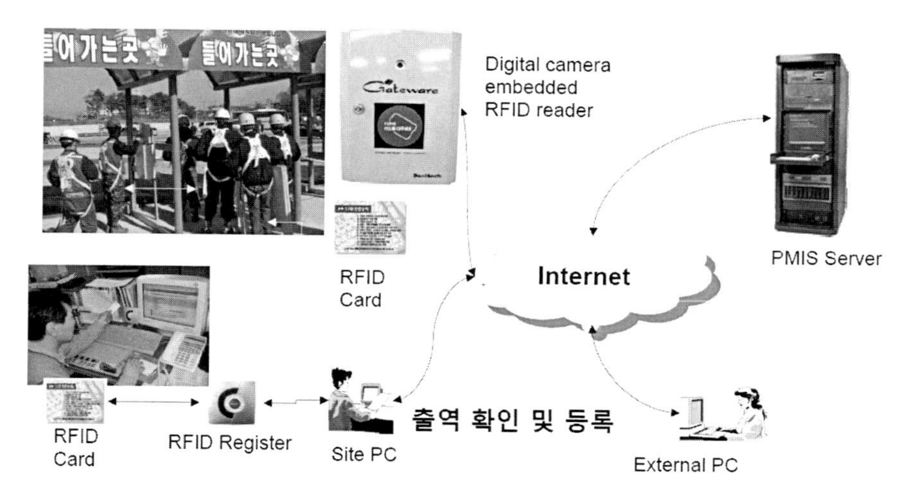

관리자와 노무자를 포함한 모든 근로자들은 현장 출입을 위해 이름, 직종, 소속회사, 혈액형 등등의 다양한 정보를 서버에 등록하고, 사용하는 인식기술에 따라 별도의 카드를 발급받거나 생체정보를 통해 출역을 확인할 수 있다. 즉, 현장게이트에 설치된 인식장치를 이용하여 출퇴근을 확인함으로써 출근시간과 퇴근시간이 기록되는 것이다.

이렇게 기록된 출역 정보는 단순 근태 관리에서부터 안전 관리, 보안 관리, 노무비 관리 등 다양한 업무에 활용될 수 있다. 현장은 보안이나 안전상 문제로 허가 받은 사람에 한하여 출입이 가능해야 하며, 이러한 사항을 관리하고 통제할 수 있어야 한다. 또한 안전 관리 담당자는 현장을 순찰하며 안전 관리 규칙의 위반 여부를 점검할 수 있으며 안전 규정 준수에 대한 개인 관리를 수행할 수 있다. 개인별로 벌점이 일정 이상 누적될 경우 출근 시 시스템이 자동으로 통제할 수 있어 안전 규칙을 무시하는 근로자는 현장 근무를 할 수 없게 함과 동시에 모든 작업자들에게 안전 규정 준수의 중요성을 인지시킬 수 있다는 이중 효과를 볼 수 있다.

이러한 출역 관리 정보는 생산성 관리적인 측면에서도 매우 효과적이다. 예를 들어 어느 현장에 10명의 작업자들이 타일작업을 하고 있는데 건설관리자가 볼 때 이 인원의 작업속도가 너무 느려 후속 공정에까지 영향을 미친다고 판단된다면, 타일공사를 맡은 협력 업체에게 출역 인원을 늘려서 작업속도를 맞출 것을 요청할 수 있다. 이런 경우 출역 관리 시스템을 통해 그간의 인원을 바탕으로 추가 필요 인원을 산정하고 바로 다음 날 해당 협력 업체가 요청한 인원수를 맞추었는지 확인이 가능하다. 이것은 일일이 출역인원 확인이 어려운 대형공사의 경우 그 효과가 특히 뛰어나다.

3.2.2 RFID를 이용한 장비 진출입 관리

RFID 인식기술과 정보 시스템의 연계를 통해 다양한 목적의 장비 진출입 관리 또한 가능하다. 대표적인 사례로 출역 관리 정보에 활용된 인식기술은 유사한 형태로 레미콘(레디믹스 콘크리트의 줄임말)이나 덤프트럭 등의 장비 진출입관리에도 활용이 가능하다.

일반적으로 레미콘은 현장 주변의 레미콘 공장과 계약을 맺고 타설 하루 이틀 전에 공장에 주문을 넣고 타설 시간에 맞추어 레미콘을 공급받는다. 현장에서는 레미콘이 타설 시간과 배달 기준 시간에 맞추어 공급될 수 있도록 관리하는 것이 필요하며 RFID와 정보화 기술을 이용하여 레미콘 타설 관리를 지원할 수 있다.

레미콘 주문 및 타설 관리 시스템은 콘크리트 타설에 대한 실시간 JIT(Just In Time)관리를 가능하게 함으로써 현장내부는 물론 현장 주변에 레미콘 차량으로 인한 교통혼잡을 최소화하고, 원활한 타설 작업을 유도함으로써 콘크리트 시공에 대함 품질 확보적인 측면에서도 매우 효과적인 것으로 평가받고 있는데, PMIS 또는 서버를 통하여 레미콘 공장과 주문부터 생산, 출하, 현장 타설 및 회차까지의 과정을 다음과 같이 공유할 수 있다.

- 맨 먼저 현장에서 타설할 부위에 대한 주문(타설 위치 및 부위, 콘크리트 규격, 슬럼프, 강도, 골재 크기 등의 정보 포함)을 서버에 입력하면 공장의

생산 담당자에게 문자메시지가 발송된다. 생산 담당자는 주문 내용을 확인하고 공장에서 레미콘을 생산한다.

• 그 다음으로 공장에서 출하 시 송장을 발행하는데 이때 RFID 카드를 카드 등록기에 등록하여 송장과 카드를 시스템상에서 연계한다. 즉, 카드를 통해 송장의 내용을 추후에 확인이 가능하게 되는 것이다. 카드가 등록된 시점은 레미콘 차량의 출발 시간으로 인지되어 추후 현장 도착 시간과 계산하여 레미콘이 배달 기준 시간 내에 현장에 전달되었는지를 확인할 수 있다.

• 카드 등록 후 송장과 카드를 가지고 레미콘이 이동한다. 현장에 도착하게 되면 레미콘 차량의 기사는 RFID 카드를 현장게이트에 설치된 리더(reader)에 읽힘으로써 현장 도착을 등록하고 이 내용은 현장 담당자에게도 시스템 또는 문자메시지를 통해 전달된다.

• 현장에 도착 후 지정된 위치로 차량이 이동하여 콘크리트 타설작업을 수행하고 현장을 떠날 때 다시 한번 현장 게이트에 설치된 리더에 카드를 인식시킴으로써 시스템상에서 타설작업이 끝났음을 기록하게 된다. 이 정보는 현장 관리자에게는 콘크리트 타설 관리를 통해 정확한 콘크리트 물량 주문과 현장 내 차량 배치 계획 등을 지원할 수 있으며, 공장 측에는 어떤 차량들이 작업을 끝내고 돌아오는지 알 수 있기 때문에 물량 배차 계획에도 활용할 수 있다.

[그림 34] RFID를 이용한 레미콘타설 관리 (자료 제공 : 두올테크)

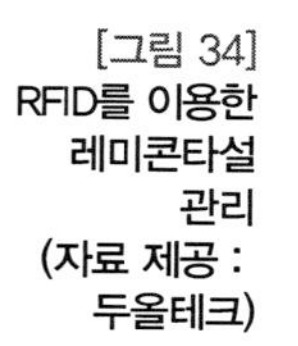

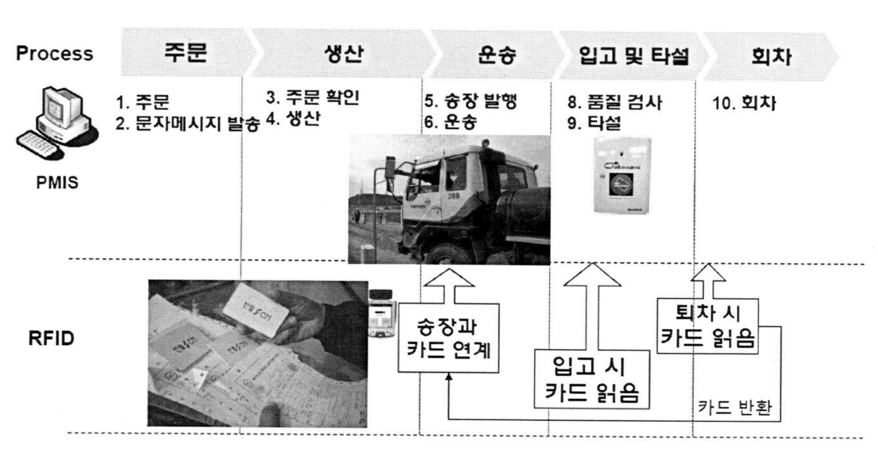

이 시스템의 프로세스는 토사 반출이나 폐기물 처리 등 다른 업무에도 효과적으로 활용되고 있다. 토사 반출의 경우 토사 반출에 활용되는 덤프트럭별로 RFID 카드를 지급하고 현장에서 반출 시 현장게이트에 있는 리더에 확인시킴으로써 토사가 몇 대 분량만큼 반출되었는지 알 수 있다. 시스템상에 기록된 반출 대수와 덤프트럭 용량을 통해 토사 반출에 대한 기성물량을 확인하는 자료로 활용될 수 있는 것이다.

또한 건설 폐기물처리는 현장에서 세심히 관리하여야 하는 부분 중의 하나이다. 특히 반출된 폐기물이 지정된 장소로 제때 이동되었는지 확인하는 것이 매우 중요하다. 따라서 RFID 기반 폐기물 처리 관리 시스템은 반출에 활용되는 트럭들에게 등록된 RFID 카드가 지급되고 현장 반출 시에 한 번, 그리고 지정된 반출장소에 도착해서 또 한 번 그렇게 두 번의 카드 인식을 통해 폐기물이 지정된 장소로 배출되는 것을 확인하고 관리하는 것을 지원할 수 있다.

3.2.3 RFID 기반 공급사슬망 관리 사례

철골, 커튼월, PC(Precast Concrete) 등은 현장에 설치되기 수개월 전부터 mock-up과 shop drawing이 작성되고 어느 정도 시간 여유를 가지고 생산된 이후 현장 일정에 맞추어 조달되어야 하는 소위 long-lead item이다. 이러한 부재들은 shop drawing에서 생산, 출하, 입고 등이 계획에 맞추어 진행되어야 하고 현장 관리자들이 부재별 상태의 변화를 모니터링할 수 있어야 한다. 이러한 공장과 현장 간 공급사슬망 관리를 위한 목적에도 RFID와 정보기술이 연계된 시스템을 활용할 수 있다(Chin S. et al. 2008).

이 시스템의 목적은 철골, 커튼월, PC 등 long-lead item 부재에 대하여 시공자, 조립/제작 업체, 설치 업체, 감리자 간 실시간 작업 현황을 모니터링할 수 있는 시스템이며, 부재의 shop drawing 작성에서부터 생산, 현장입고, 설치까지 부재의 상태를 추적 관리할 수 있다.

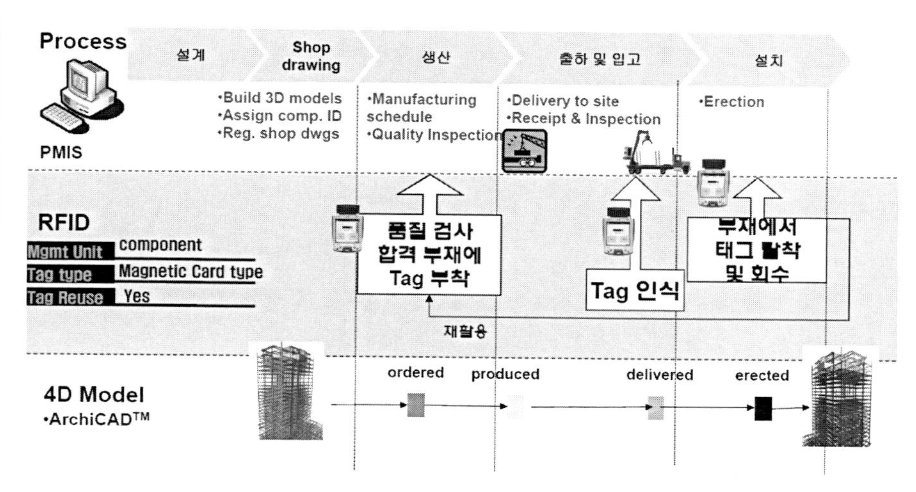

[그림 35] RFID와 BIM이 연계된 공급사슬망 관리 프로세스 개념도 (Chin S. et al., 2008)

앞의 그림은 철골부재를 대상으로 RFID와 BIM이 연계된 공급사슬망 관리 프로세스 개념을 보여주고 있다. 우선 철골부재의 관리는 shop drawing이 완성된 순간부터 시작된다. shop drawing을 기반으로 해당되는 부재는 BIM으로 표현되기 시작한다. 부재가 생산되면 품질 검사를 통해 합격된 부재에는 RFID tag가 부착된다. 즉, 부재에 전자태크 이름표가 붙는 것이다. 이 부재들은 일정 기간 동안 공장 야적장에 보관되다가 현장의 설치 일정에 맞춰 현장 요청에 따라 출하된다.

그 다음으로 부재들은 대형 부재들이기 때문에 JIT 방식으로 관리되어 현장 설치일 당일 또는 하루 전날쯤에 현장으로 입고되고 곧 양중기를 통해 양중 설치된다. 이러한 과정에서 품질 검사 완료, 출하, 현장 입고, 설치 등의 단계별로 RFID tag를 인식함으로써 부재별 상태 관리가 이루어진다. 또한 부재들은 단계별 상태에 따라 다른 색깔로 BIM에서 표현되어 모델만 보더라도 어떤 부재들이 생산 단계에 있고 어떤 부재들이 현장에 설치되었는지 등을 손쉽게 파악할 수 있다.

[그림 36] RFID 태크가 부착된 철골부재와 BIM을 이용한 부재별 상태 표현 (Chin S. et al., 2008)

3.3 4차 산업혁명 기술과 Smart Construction

4차 산업혁명의 특징은 정보통신기술(Information Communication Technology, 이하 ICT)의 융합이다. Drone이나 무인자동차 같은 무인 운송수단, AI(인공지능), 빅데이터, 로봇, 사물인터넷(IoT), Augmented Reality, Virtual Reality, 클라우드 컴퓨팅(Cloud Computing) 등의 혁신 기술이 대표적인 사례이다(Schwab, 2016). 이러한 혁신 기술들은 다음 그림과 같이 건설산업에서도 기획, 설계, 시공, 유지 관리 단계 등 생애주기 동안 다양한 형태로 적용될 수 있다.

[그림 37]
생애주기 간 Industry 4.0 기술의 응용

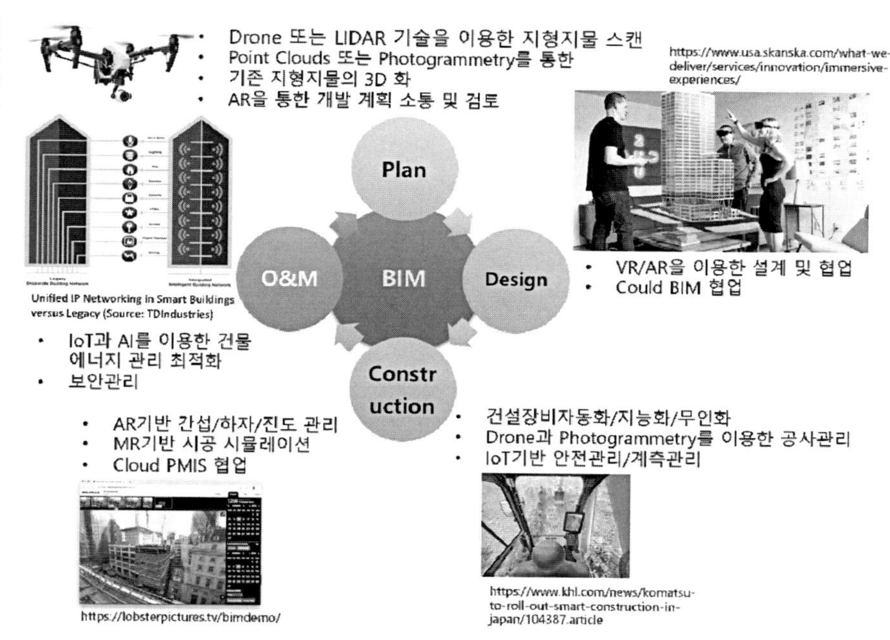

3.3.1 Drone과 BIM

드론(Drone) 또는 UAV(Unmanned Aerial Vehicle, 무인항공기)는 3D 지형 모델이나 재개발 구역의 현재 상황을 3차원으로 모델링하는 데 매우 효과적이다. 드론 측량은 항공측량에 비해 해상도와 정밀도가 훨씬 더 뛰어난 것으로 입증되고 있다. 드론 측량의 절차는 먼저 드론의 비행경로를 설정하면 그것에 따라 드론이 비행 촬영을 하고, 이후 지상에 설정된 기준점 측량 정보와 촬영된 사진들을 이용하여 3D모델로 전환시키는 과정을 거친다(다음 그림 참조). 드론을 통해 정확한 지형 모델을 구축할 수 있기 때문에 그 위에 BIM을 얹어 설계안을 검토할 수 있다. 또한 도시계획 및 설계, 재개발 계획 등에도 드론을 통해 기존 상태를 모델링하고 개발 이후의 모습을 시뮬레이션을 통해 검토할 수 있다.

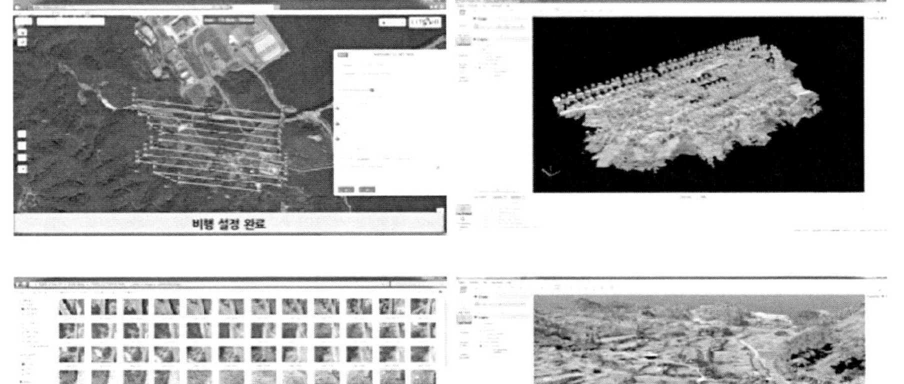

[그림 38]
드론을 활용한 지형 모델 구축 사례 (자료 제공 : KG엔지니어링)

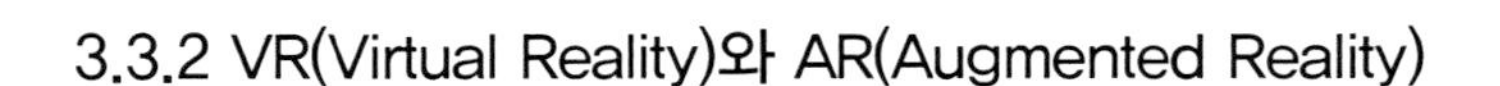

3.3.2 VR(Virtual Reality)와 AR(Augmented Reality)

VR를 통해 사람들이 직접 가상공간 안에 들어간 것처럼 느낄 수 있다. 설계안을 BIM으로 만들고 VR 모델을 추출한 후 VR 장비를 통해 설계된 공간을 직접 느끼고 재료나 색깔 등 여러 가지 대안을 비교하는 것도 가능하다.

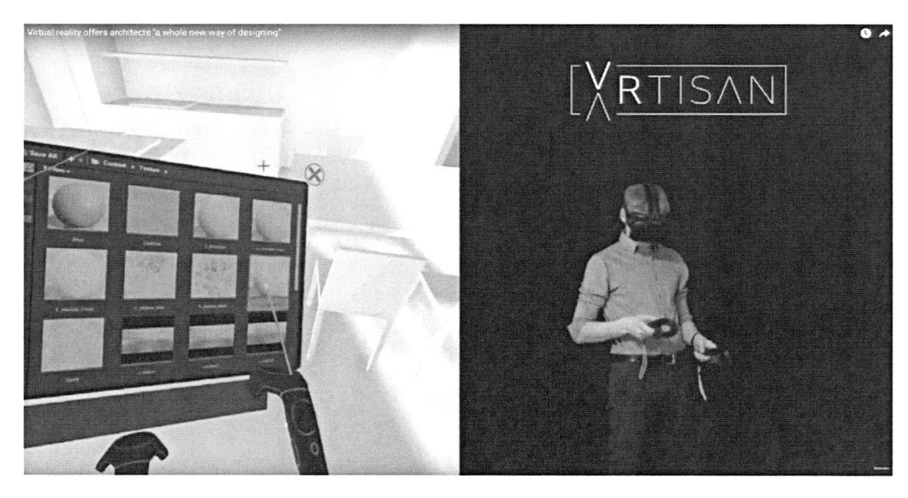

[그림 39]
VR을 이용한 인테리어 설계 (출처 : https://www.youtube.com/watch?v=SLfW2WbplHE, access: 2018.12.13.)

AR(증강현실)은 간략히 말하면 "실세계에 3차원의 가상물체를 겹쳐 보여주는 기술"(두산백과, 2017)이다. 예를 들면, 파리 한복판에서 스마트폰을 가지고 AR 앱을 이용하여 스마트폰 카메라를 통해 비추어지는 주변 건물들의 정보를 바로 조회할 수 있다. 또한 내가 바라보는 방향을 중심으로 근처에 있는 식당을 조회하고, 이 중 한곳을 선택하면 그곳까지 내비게이션 프로그램을 통해 안내받을 수 있다. AR의 기본원리는 GPS를 이용하여 자신의 위치(좌표)를 파악하고 모바일기기가 향하는 방향을 인지하여 자신이 보고 있는 실세계에 관련된 정보를 데이터베이스로부터 검색하여 연계하는 것이다. 그 정보는 단순 정보뿐만 아니라 BIM과 같은 3차원 가상 정보를 포함해 다양한 방법으로 연계될 수 있다.

AR의 건축에 대한 응용은 기획에서 설계, 시공 및 유지 관리 단계에 이르기까지 무궁무진하다. 기획 단계에서는 실제 대지 위에 건축물이 들어서면 어떤 모양이 될지, 현재 건축물을 리모델링하면 어떤 모습이 될 것인지 등등을 시뮬레이션해볼 수 있다. 실내 공간에서 가구에 대한 배치 계획이나 인테리어의 대안 검토 등에도 활용할 수 있다. 그림 40과 같이 심지어 시공 단계에서는 시공사진과 BIM model을 연계시켜 공사에서 누락되거나 설계와 다른 부분이 있는지를 파악할 수 있다. 실제 지어진 건축물을 AR을 통해 보면서 BIM 데이터와 연계하여 색깔이나 재료를 변경하거나 가구 배치를 달리해볼 수도 있다. 이런 시뮬레이션을 통해 고객을 더 만족시킬 수 있고 건축 서비스의 부가가치도 높일 수 있다.

시공 단계에서 발생하는 설계변경은 재시공까지 이어져서 비용이 천문학적으로 들 수 있지만, AR이나 VR을 이용하면 설계 단계에서 재설계에 소요되는 시간만큼의 인건비로 여러 가지 대안 검토를 충분히 실시하여 고객이 원하는 건축설계안, 색상, 재료 선택 결정 등을 도출할 수 있고 시공 단계에서의 설계 변경을 최소화할 수 있다. 유지 관리 단계에서는 카메라를 통해 시설 장비를 인지하고 사용 매뉴얼이나 방법을 검색하거나 시설물의 이력 관리 그리고 자산 관리 등에도 활용할 수 있다.

[그림 40] AR과 BIM을 이용한 공사 관리 예시 (출처: https://www.youtube.com/watch?v=8lY4qaVvR8c, access: 2018.12.13.)

3.3.3 Cloud computing과 Virtual Project Organization

클라우드 컴퓨팅(cloud computing) 환경은 데이터는 인터넷상의 서버에 저장하고 어디서든지 모바일이나 컴퓨터 등 다양한 기기를 이용하여 여러 사람과 실시간으로 협업할 수 있도록 할 수 있다. 예를 들면, BIM도 클라우드 컴퓨팅을 통해서 작업할 수 있다. 라이센스 비용은 사용한 만큼 내고 데이터도 클라우드 서버에 저장된다. 데스크톱 컴퓨터를 통해 작업하던 BIM 데이터를 사무실 밖에서는 모바일 기기를 이용하여 인터넷을 통해 바로 접근할 수 있다. 건축 설계안을 고객에게 보여주기 위해 이제 노트북을 가지고 갈 필요가 없다. 모바일기기나 스마트폰을 통해서도 설계안을 보여줄 수 있기 때문이다. 또한 여러 건축사사무소 간 프로젝트별로, 그리고 한시적으로 Virtual Project Group을 만들어 협업할 수 있다. 심지어 협력 업체까지 포함해서 서울, 부산, 광주, 뉴욕, 파리, 동경 등에 있는 다른 기업들과도 협업을 수행할 수 있다. 앞서 언급한 VR을 통한 협업도

가능하다. 뉴욕에서 있는 건축사와 서울에 있는 건축사가 가상공간 내에 들어와서 공동 설계안에 대한 협의도 진행할 수 있다.

다만 클라우드 컴퓨팅에서는 보안에 대한 고려가 매우 중요하다. 클라우드 서버에서 작업 중인 현상설계안이 누출되거나 누군가 서버를 해킹해서 작업을 지연시킨다면 매우 치명적일 수 있다. 따라서 사용하고자 하는 클라우드 서비스에서 데이터 보안 및 백업 그리고 해킹 방지 체계가 제대로 갖추어져 있는지를 사전에 철저히 확인해야 한다.

3.3.4 3D Printer와 BIM

3D Printer는 건축모형 제작시간을 대폭 줄일 수 있을 뿐만 아니라 실제 시공과정에서도 활용되고 있다. 비선형 형태의 디자인이나 복잡한 디자인의 경우 3D Printer를 이용한 모형제작의 효과는 특히 크다. 시공 단계에서 3D Printer는 콘크리트성의 특수 재료를 이용하여 적층식으로 프린트하는 방식이 주로 사용하고 있다. 중국의 경우 3D Printer를 이용하여 24시간 내에 10채의 집에 대한 골조 시공을 완료한 사례가 있을 정도이다. 3D Printer는 설계 단계에서 모형제작은 물론, 건축물 골조 전체를 시공하거나 곡면 벽체와 같이 일부분에 적용하는 것도 가능하다. 아직은 연구 차원이지만 로봇과 3D 프린터를 이용하여 행성에 있는 재료를 채취하여 우주기지를 건설하는 연구도 수행되고 있다. 3D Printer와 로봇의 통합이 빠르게 이루어지고 있는 것이다. BIM을 통해 설계정보가 확보되고 시공 순서와 방법에 대한 알고리즘에 따라 로봇이 건설하는 또는 건설을 보조하는 시대가 다가오고 있는 것이다. 이러한 기술은 위험도나 정밀도가 요구되는 고난이도의 시공 부분에 특히 유용하게 활용될 것이다.

[그림 41]
3D Printing을 이용한 주택건축물 시공 개념도 (출처 : http://www.happonomy.org/get-inspired/3d-house-printing.html)

1) IoT와 건축물, 그리고 스마트 도시

IoT(Internet of Things)는 사물인터넷이라고 불린다. IoT는 데이터 수집을 위한 센서와 통신기능으로 구성된다. 미국 가트너(Gartner)사에 의하면 2020년까지 전 세계에 260억 개의 IoT가 사용되고 있을 것으로 예상하였다. 물론 IoT의 요소기술은 정보, 전자, 통신이 융합된 것이지만 그 사용 목적와 분야를 보면 건축물이나 도시에 관련된 서비스도 많기 때문에 수년 내에 우리나라의 건축물과 도시에도 각종 IoT 모듈이 뒤덮을 것이라고 상상할 수 있다. 따라서 건설산업 관점에서도 IoT를 이용하여 건축물이나 도시 공간에서 어떻게 사용자의 다양한 편의성를 향상시킬 수 있을 것인가 고민해볼 필요가 있다. 예를 들면 현재 아파트에 적용되고 있는 월패드(wall pad)와 무인검침기 등은 IoT와 사용자의 모바일장치를 통해 통합 제어할 수 있는 형태로 발전할 것이다.

IoT가 융합된 건축물은 AI 기반 기술에 의해 보안, 에너지 관리, 환경 관리 등등이 통제될 것이며, 주택에 대한 주거와 생활의 편의를 높이는 데 활용할 수 있다. TV 스크린이 거울이나 창호유리와 점점 더 일체화되어가고 있듯이, 자재도 더 스마트화되어가고 있다. 설계자 관점에서는 어떤 부분에 IoT와 연계된 스마트화된 자재를 사용할 수 있는지에 대한 지식을 갖추고 있어야 한다. 이제는 자동차산업에서도 전기차가 개발되고 자동차에 들어가는 전장사업이 커지고 있듯이 IoT가 건축물에 차지하는 비율도 커져갈 것이다. 이제 건축물의 뼈대만 설계하는 것이 아니라 모든 신경망을 고려하여 설계해야 하는 시대로 바뀌어가고 있는 것이다.

IoT의 등장은 건축물에만 국한된 것이 아니라 도시 수준으로도 확대되고 있다. 신도시개발은 물론 도시재생에서도 IoT를 이용하여 교통, 안전, 환경, 에너지, 도시기반시설 관리 등등 도시 생활을 더욱 편리하고 안전하고 쾌적하도록 하기 위한 목적으로 활용하고 있다. IoT를 통해 수집되는 각종 정보는 시민들의 삶의 질과 안전 그리고 쾌적한 환경을 향상시키기 위한 목적으로 활용할 수 있을 뿐만 아니라, 수집된 정보를 바탕으로 어디에 무엇이 더 필요한지 어떤 부분에 불균형이 있는지 파악함으로써 도시 관리 정책 개발에도 반영될 수 있다.

[그림 42] IoT 기반의 건축물 개념도 (출처 : https://fmsystems.com/blog/does-bim-have-a-role-in-the-internet-of-things/)

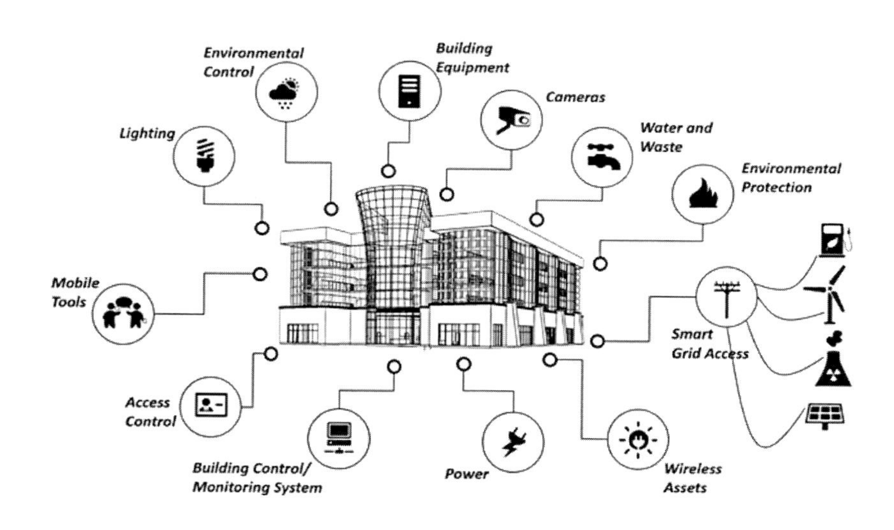

3.3.5 코마츠(KOMATSU)사의 Smart Construction 사례[2)]

코마츠는 지능화된 불도저(bulldozer)와 굴착기를 비롯하여 KomConnect라는 클라우드 환경의 플랫폼을 통하여 사람, 장비와 현장이 유기적으로 연계되고 현장의 생산성을 획기적으로 향상시키고, 안전하고 지능화된 미래형 건설현장을 구축할 수 있는 SMARTCONTRUCTION 서비스를 상품화하였다.

SMARTCONTRUCTION은 정보통신기술을 이용하여 현장에 관련된 모든 정보를 연계함으로써 안전하고 생산성이 높은 환경을 구축할 뿐만 아니라 노후화된 인프라시설물의 유지 관리나 자연재해로 파괴된 현장의 재건에도 활용할 수 있도록 개발되었으며, 다음과 같은 프로세스로 실행된다.

- Step 1 : **고정밀도의 현장 측량.** 드론, 3D 레이저스캐너, 장비에 설치된 입체촬영기(stereo camera) 등을 통해 짧은 시간에 매우 정밀한 3차원 데이터를 구축할 수 있다.
- Step 2 : **3-D completion drawing.** 현장 측량을 통해 만들어진 3차원 데이터와 2D 설계안을 바탕으로 만들어진 3D 모델(BIM) 간 차이를 통해 절토가 필요한 부분과 형태, 그리고 물량(부피)을 파악할 수 있다.
- Step 3 : **다양한 요인 분석.** 시공에 앞서 시공상 발생할 수 있는 다양한 요인들을-예를 들면 토양의 종류, 매설물 등-파악하고 분석한다.
- Step 4 : **시공계획 개발.** 주어진 현장의 시공 조건에 따라 시공계획 시뮬레이션을 수립한다. 시공이 시작되면 실시간으로 공사가 진척되는 것이 시공계획 시뮬레이션과 비교되며, 사용자는 언제든지 최적화된 시공계획으로 수정할 수 있다.
- Step 5 : **AI 기반의 시공.** 설계안으로 만들어진 3D 모델은 KomConnect를 통해 지능화된 건설장비로 전달된다. 지능화된 건설장비는 3D 모델과 현재 현장 상태를 고려하여 자동으로 각도를 조정하며 작업하기 때문에 비

---

2) KOMATSU, 2015.

숙련공도 매우 숙달된 기사처럼 작업을 할 수 있다.

- Step 6 : **공사 완료 후 시공 데이터 활용.** 지능화된 건설장비로 작업한 모든 시공 정보는 KomConnect에 저장된다. 축적된 정보는 추후 시설물 유지 관리나 재난발생 시에 재활용될 수 있다.

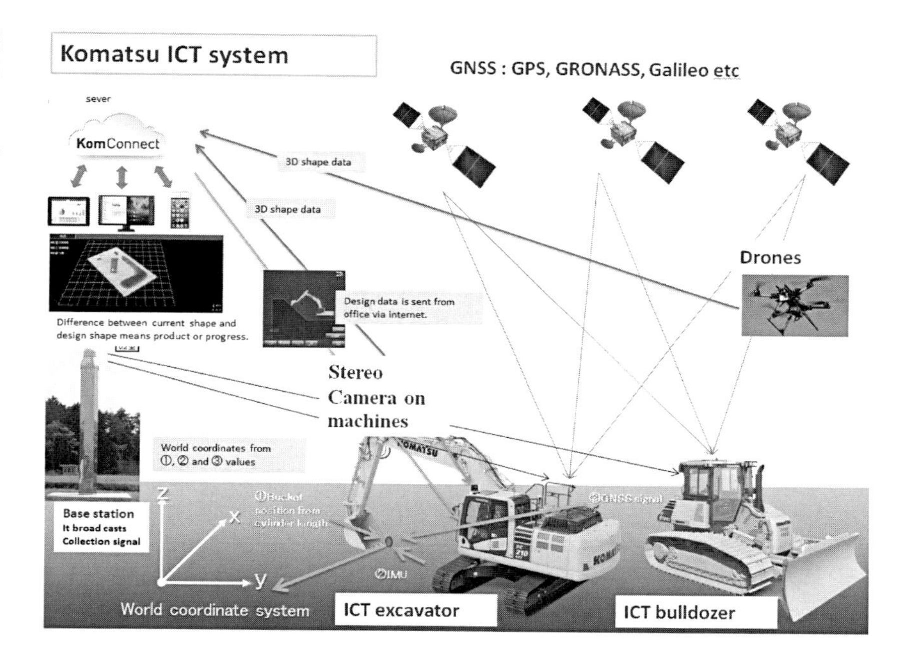

[그림 43] KOMATSU의 SMARTCONSTRUCTION 개념도 (Nakagawa, 2017)

chapter 04

건설정보 관리에 관한 소결

이 책에서는 건설정보 관리 분야와 관련된 정보 시스템, BIM, ICT 기술의 융복합 등 다양한 기술과 사례를 살펴보았다. 중요한 점은 이런 기술들을 성공적으로 도입하기 위해서는 기술(Technology)뿐만 아니라 기술이 활용되는 프로세스(Process), 그리고 그 프로세스에 참여하는 사람(People) 등 세 가지 요인을 통합적으로 고려하여 개발하고 적용해야 한다는 것이다.

앞의 여러 사례에서도 나타났듯이 새로운 기술을 도입하게 되면 기존의 프로세스를 다시 분석하고 기술의 효과가 극대화될 수 있도록 프로세스를 개선해야 한다. 또한 그 프로세스에 참여하는 사람들의 인식이 바뀌어야 하고 이들이 새로운 기술기반 프로세스에 적응할 수 있도록 교육과 지원을 해야 한다. 물론 교육과 지원을 위해서는 기업 최고 경영자의 기술도입에 대한 확신과 투자가 선행되어야 한다. 이렇게 새로운 혁신기술이 성공적으로 도입하기 위해서는 관련된 사람, 프로세스 그리고 기술 이렇게 세 가지 요인을 통합적으로 기획하고 개발해야 한다.

지금 이 순간에도 새로운 기술들이 개발되고 있다. 본 교재의 건설정보 관리 내용에만 국한하지 말고 정보화 기술의 발전 트렌드에 맞추어 건설산업의 정보 관리 또는 프로세스가 어떻게 진화할 수 있는지를 고민하고 예측하며 신기술기반의 개선된 프로세스를 제시하는 것이 미래 건설산업의 리더로서 갖추어야 할 소양 중 하나이다.

연습문제

1. 건설사업 관리자, 시공자, 발주자 등 건설관련 기업들은 현재 어떤 정보화 시스템을 어떤 목적으로 활용하고 있는지 알아보자.

2. 건설 프로젝트에 적용되고 있는 정보화 사례에서 건설 관련 실무자들이 도입과정에서 어떻게 정보화 전문가들과 협업을 수행했는지 조사해보자.

3. BIM이 발주자, 설계자, 시공자, 전문업체 등 프로젝트 참여자 관점에서 어떤 혜택을 줄 수 있는지 토론해보자.

4. 이 교재에서 설명하거나 소개된 부분이 현재 실무에서 어떻게 적용되고 있는지 또 장점과 한계가 무엇인지 알아보자.

5. 이 교재에서 소개되지 않은 국내외 최첨단 정보화사례들 포함하여 BIM과 Smart Construction에 관련된 기술들이 설계, 시공, 유지 관리 등 생애주기 동안 어떻게 활용될 수 있는지 토론해보자.

참고문헌

1. 건설교통부, 건설정보분류체계 적용기준, 건설교통부 공고 제2006-281호, 2006.
2. 김성진, [BIM Practice] 비정형 건축물의 시공 기술 사례, KBIM Magazine, Vol.4, No.1, 한국BIM학회, 2014.
3. 김영걸, 지식 경영의 이해, 정보과학회지 제 21권, 제10호, 2003년 10월.
4. 김옥규 외, 건설관리학, 사이텍 미디어, 2006, '선행 저서로 일부 내용이 인용된 부분이 있음'.
5. 박규현, 강명래, 이병화, 진상윤, 김성현, 진주 LH신사옥 BIM 적용사례 및 효과분석, 한국BIM학회지, Vol.4, No.1, 2014년 3월호.
6. 신철, 노경하, 아이티씨지, 알기 쉬운 정보전략계획 ISP, 미래와 경영, 2011.
7. 윤재봉, 김명식, 권태경, ERP 경영혁신의 새로운 패러다임, 대청, 1998.
8. 진상윤, IT 기반의 건설관리 패러다임 변화, 건축 Vol.49, No.4, 대한건축학회, 2005년 4월.
9. 진상윤, BIM 연재 01, 아직 BIM 안 하세요?, 월간건축사, Vol.573, 대한건축사협회, 2017년 1월.
10. 진상윤, BIM 연재 02, BIM의 다양성, 월간건축사, Vol.574, 대한건축사협회, 2017년 2월.
11. 진상윤, BIM 연재 04, BIM과 2D 도면화, 월간건축사, Vol.576, 대한건축사협회, 2017년 4월.
12. 한국수력원자력(주) ERP 추진실, 경영혁신정보화사업(ERP), 2003.
13. Chin, S., Yoon, S., Choi, C., : Cho, C.(2008), RFID+4D CAD for progress management of structural steel works in high-rise buildings. Journal of Computing in Civil Engineering, 22(2), 74-89.
14. Chuk Eastman, Paul Teicholz, Rafael Sacks, Kathleen Liston(2011), BIM handbook : a guide to building information modeling for owners, managers, designers, engineers and contractors 2nd Edition, John Wiley & Sons, Inc. USA.
15. Davis, Jim; Edgar, Thomas; Porter, James; Bernaden, John; Sarli, Michael(2012-12-20), "Smart manufacturing, manufacturing intelligence and demand-dynamic performance". Computers & Chemical Engineering. FOCAPO

2012. 47: 145–156. doi:10.1016/j.compchemeng. 2012.06.037.
16. Delany, Sarah(2018), Classification, Nov.8, 2018, https://toolkit.thenbs.com/articles/classification, access : 2018.12.14.
17. KOMATSU(2015), KOMATSU : Komatsu Embarks on SMARTCONSTRUCTION : ICT solutions to construction job sites, KOMATSU Corporate Communications, 2015.01.20., http://www.komatsu.com/CompanyInfo/ press/2015012012283202481.html, access : Dec. 14, 2018.
18. ICT Construction Machines(ICT based-Excavator and Bull Dozer), the 10th JFPS International Symposium on Fluid Power Fukuoka 2017, The Japan Fluid Power System Society, Oct12-27, 2017.
19. Kim, S., Chin, S., Han, J., & Choi, C. H.(2017), Measurement of construction BIM value based on a case study of a large-scale building project. Journal of Management in Engineering, 33(6), 05017005.
20. LCI(2015), The Mindset of an Effective Big Room, Lean Construction Institute, http://leanconstruction.org/media/learning_laboratory/Big_Room/Big_Room.pdf, 접근일: 2018.12.04.
21. Mackinder, M. & Marvin, H.(1982), Design Decision Making in Architectural Practice : A Report on a Research Project Examining the Roles of Information Experience and Other Influences During the Design Process. Institute of Advanced Architectural Studies, University of York.
22. Nakagawa, Tomohiro(2017), State-of-the-art Construction sites realized with ICT Construction Machines, The 10th JFPS International Symposium on Fluid Power, The Japan Fluid Power System Society, FUKUOKA Oct. 24-27, 2017.
23. NIBS(2018), United States National Building Information Modeling Standards Version 1-Part 1 : Overview, Principles, and Methodologies, National Institute of Building Science (NIBS), Washington DC, USA.
24. Schwab, Klaus(2016) The Fourth Industrial Revolution : what it means, how to respond, https://www.weforum.org/agenda/2016/01/the-fourth-industrial-revolution-what-it-means-and-how-to-respond/, access: 2018.12.15.
25. Sveiby, Karl-Erik(2001), What is Knowledge Management?, https://www.sveiby.com/files/pdf/whatisknowledgemanagement.pdf, access: 2018.12.28.

part III

가치공학

김병수 · 현창택 · 전재열

chapter 01

건설 VE 개론

1.1 VE의 역사

VE(Value Engineering) 탄생의 계기가 된 것은 1947년 미국 GE(General Electric)사에서 일어난 석면(Asbestos) 사건이다. 당시는 제2차 세계대전 직후로서 물자 구입이 어려운 시기였으므로 GE사에서는 창고 바닥의 깔판으로 필요한 석면을 구하기가 힘들었다. 그래서 회사의 구매 담당자는 전문업자와 의논한 결과 그 사용 목적을 달성할 수 있는 대체품의 값이 싸면서도 구입하기 쉽다는 것을 알게 되었다. 그러나 당시 사내의 소방법에는 '창고의 깔개에는 석면을 사용해야 한다.'라는 조건이 붙어 있었으므로 그 후 이 대체품의 불연성 안정성을 증명해 보임으로써 소방법을 개정하는 데까지 이르렀던 것이다. 이를 아스베스토스(Asbestos, 석면) 사건이라 한다.

이 사건을 통하여 사용 목적을 달성하는 데는 재료나 방법 등이 여러 가지 있을 수 있다는 것을 알게 되었고 이러한 일을 계기로 '기능을 유지하면서도 비용이 절감된다.'는 사실을 알고 제품의 기능에 대한 연구가 시작되었는데 GE사의 마일즈(Lawrence Delos Miles)가 중심이 되어 제품의 가치를 향상시키는 가장 효과적인 방법을 찾기 위하여 개발한 것이 V.A(Value Analysis)라고 불리게 된 것이다.

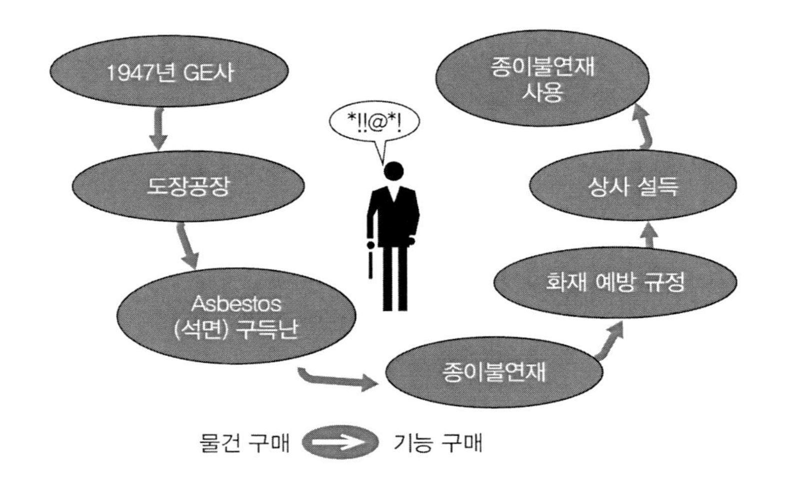

[그림 1]
아스베스토스 사건의 교훈

1.2 VE의 개념

1.2.1 VE의 정의

VE는 최저의 (1) 생애주기비용(Life Cycle Cost)으로 최상의 (2) 가치를 얻기 위한 목적으로 수행되는 프로젝트의 (3) 기능 분석을 통한 대안창출 노력으로, (4)여러 전문 분야의 협력을 통하여 수행되는 (5) 체계적인 프로세스라고 정의할 수 있다. 즉, VE의 목적은 성능 향상과 비용 절감을 통하여 품질과 비용의 최적화를 기하는 것이며, VE의 수단에는 기능 분석, 전문 분야/공종 또는 참여 주체들의 협력, 체계적인 프로세스 등이 있다.

한편, VE를 성공적으로 수행하기 위해서 전제되어야 하는 것은 고정관념의 제거이다. 종래의 고정관념을 타파한 유연한 사고방식이 요구되며, 정형화된 생활습관을 타파하여 창조·지향적으로 탈바꿈하는 것이 VE를 진행하는 데 매우 중요하다. 종래의 고정관념에서 벗어난 창의적인 사고방식으로서, 현재의 설계도서, 공법, 재료, 관리 방법 등을 개선하여 성능 향상과 비용 절감을 기하기 위해서는,

문제의식·개선의식을 바탕으로 창조력이 왕성한 자세로 임할 필요가 있다.

위의 정의에 포함된 5가지 핵심사항은 진정한 VE의 이해를 도우며, 또한 일반적인 설계 검토 과정에서 다루어지는 여타 단순한 원가절감 기법과의 차이점을 설명해준다.

1) 생애주기비용

VE의 대안비교에 다루어지는 비용은 초기비용에 국한되지 않는다. 건축물 혹은 시설물의 완성 후 사용 기간 동안의 유지－관리－교체 비용을 포함한 생애주기비용을 사용한다. 생애주기비용의 관점에서 대안의 총체적인 평가가 가능해진다. 이러한 VE의 생애주기비용의 접근 방식은 일반적인 설계 검토 과정에서 다루어지는 비용에 대한 접근 방식과 다르다.

2) 가치(Value)

VE의 궁극적인 목표는 프로젝트의 가치 향상에 있다. 가치의 향상은 프로젝트의 3대 요소인 시간－비용－품질(기능)의 적정한 안배를 통하여 이루어진다. 또한 VE의 제안은 반드시 최적안을 의미하지 않는다. 다만 적정안에 머무르지 않도록 하는 것이 VE에서 추구하는 가치의 향상이라 할 수 있으며, 또한 VE는 프로젝트가 요구하는 필수적인 기본 기능의 수준을 낮추는 설계의 변경을 추구하지 않는다.

3) 기능(Function)

VE는 프로젝트의 기능 분석을 수반한다. 대안의 개발에서 VE의 질문은 'What does it do?'인 반면 일반적인 원가 절감 방법 또는 설계 검토 과정에서는 'What else we can use?'를 사용한다. 이러한 기능 중심의 사고는 VE에서만의 독특한 접근이다.

4) 여러 전문 분야의 협력(Multi-disciplinary Effort)

VE는 대상 프로젝트의 모든 분야에 전문지식을 가진 팀 또는 그룹에 의해 수행된다. 팀의 리더가 수행하는 조정역할을 통하여 개별팀 구성원의 전문지식이 효과적으로 운용된다. VE 활동을 통하여 얻어지는 최상의 아이디어는 구성원 상호 간의 시너지 효과에 의해 창출된다.

5) 체계적 프로세스(Systematic Process)

VE는 Job Plan이라 불리는 시작과 끝이 분명한 체계적인 절차(정보－고안－평가－개발－제안)에 의해 수행된다. 이것은 비체계적인 절차에 의해 수행되는 여타의 원가 절감 방법론과의 차이를 설명한다.

1.2.2 설계 VE

계획, 기본 설계 및 실시 설계 단계에서 실시하는 것으로 발주자가 해당 프로젝트의 계획이나 설계에 종사하지 않았던 자로 구성한 VE 팀을 편성하고, 프로젝트의 기능 및 성능을 향상하며, 수명주기비용의 절감을 도모하기 위하여, 원래의 계획이나 설계를 검토하고, 대체안을 작성하는 것이다. 이 단계에서의 VE를 총칭하여 설계 VE로 부르며, 설계 VE에서 제안된 대체안을 VE 제안(VE Proposal, VEP)이라고 부른다. 통상 VE는 설계의 경제성 등 평가로 불리듯 설계 단계에서의 VE 평가는 대단히 중요하다.

1.2.3 시공 VE

공사 계약 후 시공자가 자발적으로 계약 내용을 검토하고, 공사비를 절감할 수 있는 대체안을 작성하여 발주자에게 계약 변경을 제안하는 것이다. 발주자는 그 제안을 심사하여 변경에 의해 당초의 계약에서 요구된 프로젝트의 기능을 손상시키지 않고, 공사비의 절감이 가능한지를 확인한 후, 정식으로 계약을 변경한다. 일반적으로 절감액의 절반 가량을 VE에 대한 보상금(補償金) 또는 장려금으로 시공자에게 지급한다(미국, 일본, 한국). 시공 VE에서 시공자가 계약 변경을 제안한 대체안은 VE 변경안(VE Change Proposal, VECP)이라고 한다. 시공 VE는 시공자의 자발적 참여로 실시되지만 발주자의 주관으로 실시하는 경우는 시공 단계의 설계 VE라고 칭한다.

1.3 건설 VE의 필요성

1.3.1 건설산업에서의 품질과 COST

건설산업의 품질에는 원류(原流)의 품질인 $Q_1(t)$: 정보, $Q_2(t)$: 연구 개발, $Q_3(t)$: 기획, $Q_4(t)$: 기술 설계, $Q_5(t)$: 시공기술, $Q_6(t)$: 평가, $Q_7(t)$: Before Service 등과 하류(下流)의 품질인 $Q_8(t)$: 외주 구매, $Q_9(t)$: 시공, $Q_{10}(t)$: 검사, $Q_{11}(t)$: After Service 등이 있다. 여기에서, $Q_i(t)(i=1\sim11)$에 대한 비용을 $C_1(t)(i=1\sim11)$로 나타내고, 고객의 요구품질을 $Q_0(t)$, 단위면적의 가격을 $P(t)$로 나타내면, 다음의 두 식이 만족되어야 한다.

품질 보증의 입장에서

$$\Sigma Q_i(t) \geq Q_{0(t)} \tag{1.1}$$

이익 확보의 측면에서

$$P(t)W(t) - \Sigma C_i(t) + C_m(t) > 0 \tag{1.2}$$

단, $C_m(t)$: 일반경비

$W(t)$: 총면적

(t) : 시간의 함수를 의미

만일 식 (1.1)이 만족되지 못하면,

→ 고객의 불신 → 수주 불가

또한 식 (1.1)이 성립되어도 식 (1.2)가 성립되지 못하면,

→ 적자 → 기업 존립 위태

따라서 식 (1.1)과 식 (1.2)가 동시에 만족되어야 한다. 즉, 요구 품질의 달성과 적정 이윤의 확보라는 측면에서 볼 때, 건설공사의 품질과 Cost는 불가분의 관계에 있으며, 이를 균형 있게 달성해야 한다. 이러한 측면에서 품질 관리 시스템(Quality Management System, QMS) 내에서 VE 활동이 필요한 것이다.

1.3.2 건설 여건에 대한 적극적 대응

국내 건설업계의 경우 양적 팽창 시기를 지나 건설된 시설물을 효과적으로 유지 관리하는 데 초점을 맞추는 시점에 도달했고 공사 발주물량은 현격하게 줄어들었다. 이에 따라 건설업체들은 과당 경쟁의 상태가 되었고, 해외의 경우에도 많은 건설업체들과 경쟁하는 데 기술적·관리적 경쟁력이 확보되지 않아 수주활동이 더욱 어려워지고 있다.

이미 EC(Engineering Constructor)화 개념과 설계 시공 일괄입찰 제도와 같은 Design－Build형 계약제도 등이 많은 시행 착오를 거치며

발전해오고 있으며, 미국을 중심으로 Partnering과 Constructability 개념 등이 적극적으로 활용되고 있다. 또한 최근의 건설기술은 자동화, Robotics, 정보화(Computer Integrated Construction, Database의 구축 및 활용, Artificial Intelligence, 드론) 등과 더불어 고기술(Hi-Tech)화가 이루어지고 있으며, 건설 프로젝트가 대형화·복잡화되어가고 있음은 물론이고 소비자의 요구 또한 고도화·엄격화되어가고 있다. 이렇게 급변하는 건설 여건에 적극적으로 대응해나가기 위해서는 품질이나 기능과 비용을 같이 고려하여 최적의 조합점을 찾아나가는 합리적이고 적극적인 비용 절감 및 가치 향상 방법을 활용할 필요가 있다.

1.3.3 건설 관련 현업의 현황 개선

예전보다는 많이 개선되기는 하였으나 아직도 우리의 건설현장에는 변화되어야 할 점이 많이 남아 있다. 고정관념에서 탈피하지 못한 상태에서 종래의 경험이나 공법만을 답습하거나 구태의연한 사고방식에 의하여 업무를 수행하는 수가 아직도 많다. 그리고 계획 및 관리를 수행하는 데 주먹구구식으로 의사 결정을 하고 제반 관리를 해나가는 사례를 흔히 볼 수 있다. 그리고 각 기업에서 제안 등의 제도를 이용하여 업무 개선 및 비용 절감 노력을 기울이고 있으나, 이러한 종래의 개선 활동은 단편적인 지식이나 경험 또는 소수의 경험 및 지식에 의존하는 경우가 대부분으로서 적극적인 개선이 이루어지지 못하는 수가 많다. 따라서 이러한 현황을 개선하기 위해서도 철저한 기능 분석 및 Team Design에 의한 과학적 접근 방법을 활용할 필요가 있으며, 이의 일환으로서 건설 VE 기법 등을 적극적으로 활용하는 것이 바람직하다.

1.3.4 Cost Down과 VE의 역할

기업이 이익을 도모하는 방법을 단순화시켜 모식적으로 나타내면 다음 그림 2와 같이 된다. 세로축에 공사 1건의 평균 수주금액을, 가로축에 평균 연간 공사 건수를 나타내면 면적 oabc가 연간 총공사금액을 나타내고, 면적 abed가 이익, 면적 oced가 원가를 나타낸다. 면적 abed를 크게 하는 방법은 다음과 같다.

첫째, 수주 금액을 올리는 방법
둘째, 공사 건수를 늘리는 방법
셋째, 공사 원가를 내리는 방법

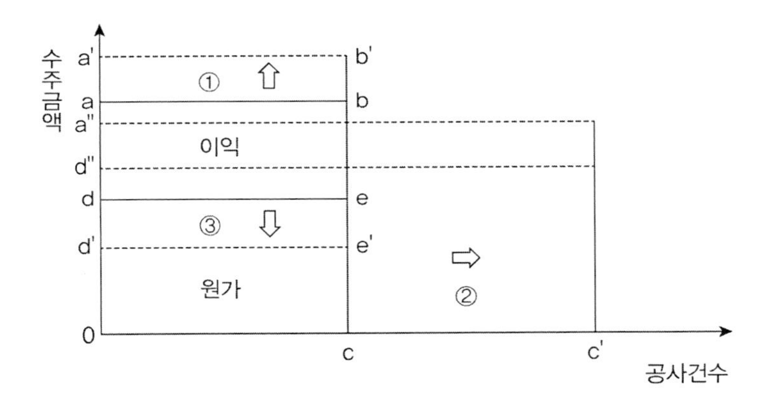

[그림 2]
기업이 이익을 도모하는 방법

첫 번째 방법은 선 ab를 끌어올리는 방법으로서 영업 노력이라고 할 수 있다. 두 번째 방법은 선 bec를 우측으로 넓히는 방법으로서 확대정책이라고 할 수 있다. 세 번째 방법은 선 de를 끌어내리는 방법으로서 Cost Down이라고 할 수 있다. 그런데 현재와 같이 업체끼리의 경쟁이 격화되고 발주자 측도 건설에 대한 지식을 갖춤으로 인하여 오히려 선 ab를 내리려는 압력이 가해지고 있는 형태 아래서, 수주 금액을 올린다는 것은 매우 어려우며, 공사 건수를 늘린다는 것에도 한도가 있는 것이다. 그러므로 기업 자체 내에서의 노력만으로도 달성되는 Cost Down이라는 방법이 기업의 이익을 확보해주는 적극적인 방법으로서 중요시되는 것이다.

여기서 Cost Down의 여지에 대하여 분석해보면, 다음의 그림 3과 같이 나타낼 수 있다. (A)는 수주 금액의 구성을 나타내며 (B)는 (A) 중의 Cost Down의 여지를 세분화시킨 내용을 나타내고 있고 (C)는 이 원인들에 대한 대책을 관리 공학(Management Science)의 제수법 적용으로써 고찰해본 것을 표시하고 있다. VE는 ①, ②, ③의 극복을 위해서도 활용 가능하지만, 본래의 의미대로 하면 ④, ⑤, ⑥의 개선, 즉 정보의 부족이나 지나침·불필요함을 극복하는 데 적합한 기법이다. Cost Down에서의 VE의 역할은, VE 기법이 만능이거나 모든 것은 아니지만, VE 기법의 도입으로써 Cost Down에 큰 성과가 생길 수 있으며 VE 기법의 도입을 계기로 하여 다른 제반 관리 기법의 채용이 쉬워진다는 데에 있다.

[그림 3]
Cost Down의 여지와 극복 방법

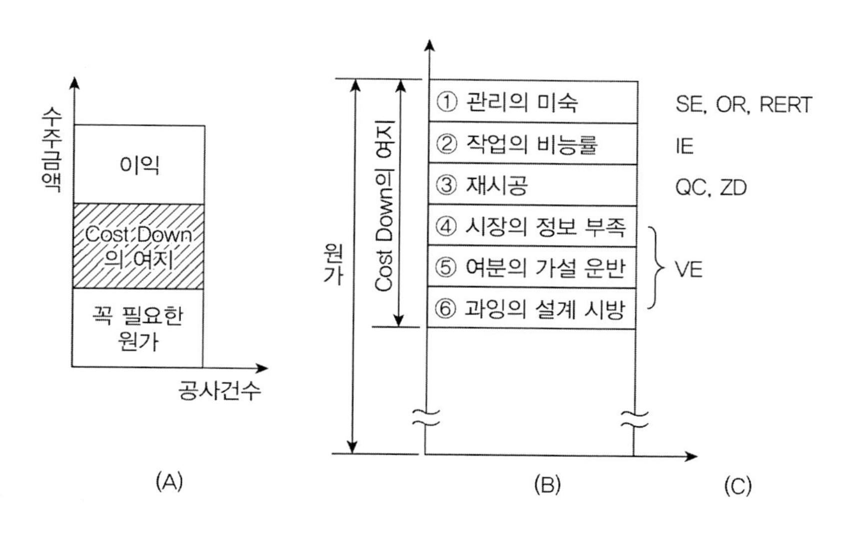

1.4 건설 VE의 효과

건설 VE를 효율적으로 수행하면 다음과 같은 효과들을 기대할 수 있다. 우선, 건설공정의 생산성을 향상시키는 제안들이 많이 도출될 수 있고, 이로 인하여 기업의 이익이 감소해가는 현상을 혁신적으로 타파할 수 있다. 그리고 도출된 수많은 개선 결과를 Database화함으로써 기업의 Know-how를 축적할 수 있음은 물론이고, 이를 컴퓨터에 코드와 함께 저장해두었다가 유사 현장 또는 사례가 생길 경우 쉽게 검색(Retrieval)하여 활용할 수 있다. 아울러 건설 VE의 활용이 일반화됨으로써 조직 구성원의 원가의식 및 개선의식이 크게 제고될 수 있으므로, 원가 절감에 기여할 수 있을 뿐만 아니라 제반 관리 기법의 정착에도 일조할 수 있을 것으로 기대된다.

그리고 설계 단계에서의 VE기법 활용은 프로젝트의 성능 향상과 원가 절감에 크게 기여할 것이다. 시공 단계에서의 VE 기법 활용은 원가 절감에 기여함과 아울러 도출된 아이디어나 Know-how 그리고 문제점들을 설계에 제대로 반영시키는 구조적인 장치가 마련된다면 소위 Constructability 개념의 장점을 충분히 취하는 결과가 될 것이다. 아울러 사무 부문에서 VE 기법을 활용하면 기업 내의 사무 개선 및 업무 효율화에 크게 기여할 수 있을 것이다.

chapter 02

VE와 가치

2.1 가치의 개념

VE 방법론적 검토의 목적은 검토의 대상이 무엇이든 관계없이 그것의 가치를 증가시키는 것이다. 불행하게도 우리 모두는 생산품이나 서비스의 가치에 영향을 주고 있는 것에 관한 각자의 의견을 가지고 있는데, 이것은 개인의 관점에 따라 크게 변화한다는 것이다.

우리의 판단은 비용, 성능 혹은 공정과 같은 단 하나의 기준에만 의존하는 경향이 있다. 이러한 기준으로는 최상의 판단을 하지 못한다. 성능은 개선되지만 생산품이 더 이상 시장성이 없게 되어버리는 시점에 비용을 증시키는 것은 성능이 손실되면서 비용을 감소하는 것만큼이나 용납될 수 없다. 또한 비용과 가치는 서로 혼동하지 않는 것이 중요하다. 자재, 노동, 간접비가 추가되면 비용이 증가하지만 반드시 가치를 증가시키는 것은 아니다. 추가된 비용을 통하여 필요한 기능의 수행 가능성을 개선시키지 못하면 가치는 저하된다.

가치의 개념을 이해하기 위해서는 VE 방법론에 사용된 몇몇 중요한 용어와 그 정의들을 먼저 숙지할 필요가 있다.

2.1.1 기능

생산품 또는 서비스에 의해 수행되는 자연적 또는 특성화된 행위. 생산품, 시설물, 서비스는 현재 설계되거나 계획한 대로 수행된다.

2.1.2 성능

의도된 기능을 완수하기 위한 생산품의 능력을 나타낸다. 성능은 미래의 고객 또는 사용자가 정의하는 것이 이상적이다. 적절한 성능이라 함은 생산품, 시설물, 서비스가 품질, 신뢰도, 상호 교류성, 유지 관리성, 생산성, 시장성, 조달성에 대한 사전에 정해놓은 수준을 만족함에 있다. 이 성능 수준은 고객의 요구사항에 부합되어야 하고 프로젝트의 특성에 따라 바뀐다.

가치의 척도로서 고객에게 제공되는 3가지의 기본구성요소가 있다. 이 3요소는 범위(scope), 일정(schedule), 비용(cost)이다. 이 3요소는 모든 프로젝트를 관리하는 기본 구성 요소가 된다.

2.1.3 범위

고려해야 하는 두 가지 관점의 범위－생산품 범위와 프로젝트 범위－가 있다. 성공적인 프로젝트는 모두 유일한 생산품(유형적인 항목 및 서비스)을 만들어낸다. 이러한 생산품은 새로운 고속도로일 수도 있고 더 좋은 냉장고 혹은 새로운 경영 절차일 수도 있다. 고객이나 사용자는 자신들이 얻고자 하는 생산품의 특징에 대해 기대감을 가지고 있다. '생산품 범위'란 생산품의 의도된 성능 및 특징으로 설명된다. '프로젝트 범위'란 의도된 생산품 범위 내에서 생산품이나 서비스를 조달하기 위해 필요한 작업을 의미한다. 생산품 범위는 생산품을 직접 사용하는 고객이나 사용자에게 중점을 두지만 프로젝트 범위는 주로 그 프로젝트를 실행할 사람에게 초점을 맞춘다.

2.1.4 일정

고객들은 일반적으로 주어진 시간 내에 특정한 장소에서 제품을 제공받기를 원한다. 최고의 생산품과 서비스가 유행에 맞게 고객들에게 제공되지 않으면 전혀 가치가 없게 된다. 일정은 또한 '시간'으로 언급되기도 한다.

2.1.5 비용

비용은 프로젝트의 조달을 위해 필요한 모든 자원을 포함한다. 비용은 일을 하는 인력, 장비, 그들이 사용하는 자재 그리고 자원 소비를 요구하는 여타 모든 환경들을 포함한다.

[그림 4]
가치의 구성 요소

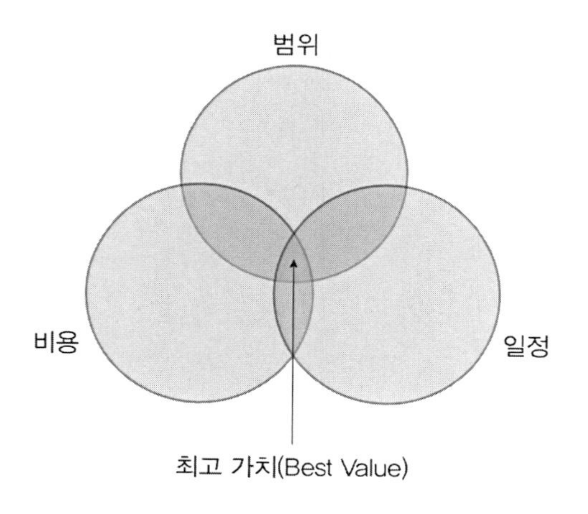

프로젝트 관리자는 고객이나 사용자에게 가능한 한 최고의 가치를 안겨주기 위하여 상기의 3요소 사이의 균형을 조정하며 일을 수행하는 역할을 하고 있는 사람이라는 점을 금방 알 수 있다. 이 세 가지 요소들의 관계를 극대화시키는 것이 고객을 만족시키고, '최고의 가치'에 도달하기 위해 중요하다. 그림은 이러한 관계를 나타내고 있다. 이 관계로부터 범위, 일정을 개선하거나 비용을 절감시킴으로써 가치를 높일 수 있다는 사실을 쉽게 알 수 있다. 대부분의 VE 검토들은 성능 개선, 비용 절감, 개선된 조달과 같은 특정 목적이 있으나 여기에는 산출된 가치관계의 균형 잡힌 접근 방식을 필요로 한다. VE 검토를 용이하게 하기 위해서는 그림 4와 같이 가치의 3요소를 최적

화시키는 방법을 모색해야 할 것이다.

2.2 가치이론

가치 개념은 오랫동안 진화되어왔다. 가치 개념의 철학적 기초는 고대 그리스 플라톤의 대화 '프로타고라스(Protagoras)'에서 최초로 정립되었다. 이러한 철학적 작업에 바로 이어 기원전 350년경에 아리스토텔레스가 가치를 7가지로 분류하였는데, 이러한 분류는 오늘날까지도 사용하고 있다. 이 7가지 가치란 윤리, 법률, 종교, 정치, 사회, 미학 그리고 경제이다. VE 방법론은 주로 경제적 가치와 관련되어 있다. 경제적 가치에는 다음의 4가지 유형이 존재한다.

- 비용(Cost) : 특정 항목을 생산하는 데 소요되는 총 비용－인건비, 재료비 및 간접비의 총 합계
- 교환(Exchange) : 어떤 항목을 다른 무엇과 거래할 수 있게 하는 어떤 항목의 속성 및 품질의 계속되는 가치
- 존중(Esteem) : 속성, 특징 혹은 그것을 가지고 싶어 하도록 만드는 유인성
- 사용(Use) : 어떤 작업이나 서비스를 완수한 속성 및 품질

이러한 개념에 대해 이해하게 된 것은 18세기를 지나서부터이다. 이 기간 동안 아담 스미스는 그의 대표적 경제학 논문인 '국부론(Wealth of Nations)'을 출판했다. 한편 임마누엘 칸트(Immanuel Kant)의 '순수이성의 비판(Critique of Pure Reason)'에서는 가치에 대한 인본주의적 기초를 제시하였는데, 여기서 이 가치는 개개인에 의해 평가가 이루어진다. 가치의 경제학적 이론은 20세기 초를 지나면서 유럽과 미국에서 발전을 거듭해오다가 1947년 마일스에 의해 가치개념 자체를 하나의 연구 분야로서 확고히 정립하였다. 1961년

에 마일스는 가치의 필수적 부분인 기능의 개념을 다룬 '가치분석과 가치공학의 기법(Techniques of Value Analysis and Engineering)'이라는 책을 출판하였다.

가치의 한 구성요소인 기능에 대한 마일스의 집대성은 인류의 산업영역 내에서 널리 이용되어왔다. 그것은 생산품 및 서비스의 가치와 관련된 새로운 사고의 흐름에 박차를 가했다. 마일스는 기능과 비용의 상관관계에 대한 항목으로 가치를 정의했다. "모든 비용은 기능을 위한 것이다." 이 말은 지금도 유명한 격언으로 사용되고 있다. 가치는 고객이나 소비자의 요구와 필요성에 의해 정립된다. 가치의 개선을 도모하고자 한다면 가치에 대한 이러한 기본적인 이해가 필요하다.

마일스의 가치이론이 성숙해지는 동안 카를로스 팰런(Carlos Fallon)은 이 개념을 더 좋은 방법으로 개선하였다. 팰런은 기능이 가치의 심장부이며 따라서 이 기능을 정량화할 필요가 있다는 것을 인식하였다. 업무를 통해 팰런은 '유틸리티(utility)'란 단어를 사용하여 성능정량화 방법론을 개발하였다. 팰런은 유틸리티의 개념과 수학적 근사화 방법의 개발에 대해 수많은 철학자들과 경제학자들 특히 다니엘 베르누이(Daniel Bernoulli)와 존 본 뉴먼(Jon Von Neumann)과 같은 사람들에게 공을 돌렸지만 그가 유틸리티를 정량화할 수 있는 실질적인 방법을 간결하게 정의한 첫 번째 사람이다. 팰런의 설명에 따르면, 유틸리티란 '성능과 성능의 효과 사이의 비선형성'이다.

1965년에 출판된 특별연구보고서에서 팰런은 제조품의 유틸리티를 측정하기 위한 'Combinex'로 알려진 절차의 윤곽을 잡았다. 이 절차는 1) 생산품의 목적·정의, 2) 순수한 유틸리티 요소와 관련 측정 척도 정의, 3) 유틸리티 요소의 상대적 중요도 규정, 4) 순 가치의 정량화로 구성되어 있다. 유틸리티 요소의 상대적 중요도를 평가하기 위한 팰런의 방법은 간단하고 직접적이어서, 고객(사용자)이 그것을 직접 할당하는 것이다.

데이빗 더 말레(David De Marle)는 가치(V_{max})를 정의하기 위한 몇 개의 간단한 식을 제시하였다. 우선 첫 번째는 마일스의 가치의 이해에 그 기반을 둔 식 (2.1)이다.

$$V_{max} = \frac{F}{C_{min}} \tag{2.1}$$

여기서, F=기능, C_{min}=비용

식 (2.2)는 유틸리티가 필요한 생산품(n)과 그 필요성을 만족시키는 능력(a)의 곱으로 정의되는 팰런의 가치 이론에 대한 표현이다.

$$V = \frac{n \times a}{c} \tag{2.2}$$

마지막으로, 데이빗은 또한 고객이나 사용자가 가치를 결정짓는 생각을 표현하는 간단한 식 (2.3)을 제한했다.

$$\text{고객가치(Customer Value)} = \frac{\text{성능(Performance)}}{\text{가격(Cost)}} \tag{2.3}$$

이 식은 가치에 대해 언급한 마일스의 몇 가지 중요한 고려사항을 말해준다. 마일스는 생산품이나 서비스가 적당한 성능과 비용을 가지고 있다면, 그 생산품이나 서비스는 좋은 가치를 지니고 있다고 봐도 된다고 언급했다. 그는 또한 다음과 같이 언급하였다.

- 가치는 항상 비용을 줄임으로써 증가된다(물론, 성능은 유지).
- 가치는 '고객이 필요하고, 요구하고, 더 나은 성능을 위하여 기꺼이 비용을 지불할 용의가 있다면' 성능을 증가함으로써 향상된다.

그러나 가치를 개선할 수 있는 다른 방법들이 있다. 그중 하나는 성능 향상이 비용의 증가보다 월등하기 때문에 비용이 증가하지만 성능을 더 크게 향상시키는 것이다. 또 다른 방법은 비용의 감소가 성능의 감소량보다 커서, 성능이 조금 감소하더라도 비용 역시 감소시키는 것이다. 여기서 설명한 이 두 가지 가치 향상 방법은 다소 불분명한 부분이 있어 비용과 성능의 상관관계를 평가하기 위한 특별한 성능 측정 기술을 필요로 한다.

기능의 개념이 이러한 가치의 일반 개념들과 부합하는 곳은 어디인가? 가치의 극대화는 가능한 한 최소비용으로 기능을 제공함으로써 이루어진다고 말한 마일스가 제안한 식 (2.1)에서 알 수 있다. '기능'이라는 용어는 VE 방법론의 문맥 내에서 보편적으로 이해되었던 것처럼, 표출된 필요 또는 요구를 만족시키는 수단으로서 정의된다. 우리가 가치의 개념을 논의하면서 실제로 표현하고자 하는 것은 필요성과 요구사항이 이를 얻기 위한 비용과 관련해서 얼마나 잘 만족되고 있는지에 대한 척도이다. 그 '얼마나 잘'이란 부분은 기능 그 자체보다도 기능의 성능을 말하는 것이다. 기능은 가치와 직접적으로 연관되어 우리에게 가치의 확립을 위한 틀을 제공하고 있다.

VE 방법론은 다음 식 (2.4)와 같이 '기능적 가치'를 향상시키는 데 초점을 맞춘 지식의 본체라고 일컬어진다. 기능적 가치(V_f)는 가치 향상을 측정하기 위한 '가치측정기준법(Value Metrics)'의 기초를 형성하고 있다.

$$V_f = \frac{P}{C} \tag{2.4}$$

다시 말해, "어떤 기능의 가치는 그 기능의 성능을 비용으로 나눈 것과 같다." 이러한 관계로부터 다음과 같은 진보된 가치를 정의할 수가 있다.

* 가치 : 기능의 성능과 그것을 얻기 위한 비용 사이의 상관관계에 대한 정성적 혹은 정량적인 표현이다. 따라서 '최고 가치'라는 말은 고객이 기대하는 성능수준을 만족하는 기능을 확실하게 달성할 수 있는 가장 비용효율적 수단을 의미한다.

마지막으로, 식 (2.4)를 범위, 일정, 비용에 관하여 앞에서 논의했던 사항과 연관시킬 수 있는데 성능을 범위와 일정의 합으로 고려하면 식 (2.5)와 같이 표현할 수 있다.

$$\text{가치 (Value)} = \frac{\text{범위 (Scope)} + \text{일정 (Schedule)}}{\text{비용}} \tag{2.5}$$

가치란 결과적으로 다른 형태로 변환 가능한 에너지의 본질적 특성과 유사한 속성으로 인해 에너지의 한 형태로서 설명될 수 있다고 간주하여 왔다. 이 '가치의 힘'은 비록 특성상 주관적이라 할지라도 측정되어지고 모델링될 수 있다. 말레(De Marle)는 사실상 그러한 가치의 힘에 의한 추진력으로 인간의 필요성에 부합하는 생산품, 서비스 및 사회의 발전이 이루어진다고 주장하였다. 가치 이론에 대한 더 깊은 철학적 관점들을 탐구하기 위하여 말레는 '가치 : 측정, 설계, 관리(Value : Its Measurement, Design, and Management, 1992)'라는 책에 모든 열정을 쏟았다.

궁극적으로 VE 방법론은 기능적 가치, 즉 고객이나 사용자가 얻고자하는 기능의 가치에 초점을 두어야만 한다. 이 정도 수준에서 이해하게 되면, VE 방법론은 우리가 가치의 구성 요소들을 측정할 수 있고 가치가 결핍된 곳을 확인할 수 있으며, 가치를 향상시키기 위해 우리의 노력의 방향을 제시할 수 있는 틀이 된다.

2.2.1 값어치

보통 값어치(Worth)와 가치(Value)의 개념을 혼동하는 경우가 있다. 이 두 단어는 서로 다른 의미를 지니고 있음에도 불구하고 종종

서로 바꾸어서 사용된다. VE 방법론의 맥락에서 값어치는 기능을 수행하기 위해 드는 최소비용이다. 값어치는 일반적으로 한 개인이 인지하는 생산품의 가격 평가로 볼 수 있으며, 물건을 얼마나 소중하게 생각하고 있는가와 관련된 주관적인 생각을 반영하는 경향이 있다. 가치는 사람들이 생산품에 대해 생각하는 평균적 값어치로 볼 수 있다. 예를 들어, 어떤 고객이 한 벌에 100만 원 하는 매우 비싼 옷을 구입하는 경우가 있는데 그 이유는 그 옷을 입는 동안 그는 그 가격만큼 좋은 이미지를 전달할 수 있다고 믿기 때문이다. 반면에 일부 스타일에 둔감한 고객들은 아마도 그 같은 옷에 100만 원을 지불하는 것은 웃기는 일이라고 느낄 것이다. 의상 제조업자는 값어치에 대한 개인적 인식에 흥미를 갖기보다는 전체 시장에서의 가치에 대한 인식에 더욱 관심을 가져야 한다. 적절한 시장 조사를 통해 정확하게 가치가 무엇인지에 관한 자료를 획득해야 한다. 식 (2.6)은 개인적인 값어치와 전체 고객의 가치 사이의 상관관계를 설명해준다.

$$\text{고객가치 (Value)} = \frac{(\text{값어치 } 1 + \text{값어치 } 2 + \cdots + \text{값어치 } n)}{n} \tag{2.6}$$

2.2.2 고객 가치

고객 가치(Customer Value)의 개념은 사람들이 가격과 성능 사이의 관계로부터 구매 의사 결정을 한다는 생각에서 시작됐다. 첫 번째 변수는 전체 가치, 즉 간단히 말해서 고객이 자신의 돈을 들여 최고를 얻는가이다. 다른 두 변수는 가치의 주요 구성요소로서 반드시 결정되어야만 하는 전체 가격(비용)과 전체 성능이다. 가격대 성능의 영향도는 산업 분야나 생산품 등의 측정 대상에 따라 크게 달라진다. 고객 가치는 그림 5의 고객 가치 지도(Customer Value Map)를 이용하면 아주 명확하게 표현할 수 있다.

고객 가치는 기능 또는 고객이 얻고자 하는 기능들과 직접 연관되어 있다는 것을 기억해야만 한다. 그림 5의 적정가치선(Fair Value Line)은 가격과 성능이 '균형을 이루고 있는' 점들을 나타낸다. 서비스 생산품 혹은 시설물이 이 선의 우측에 놓이면 (양질의 성능 낮은 가격) 고객이나 사용자에게 '좋은 가치'를 제공해주는 것으로 이해될 것이다. 서비스, 생산품 혹은 시설물이 이 선의 좌측에 놓이면(저질의 성능, 낮은 가격) '나쁜 가치'를 제공하는 것으로 여겨지며 고객들에게 신뢰를 잃게 되고 고객수가 줄어들게 된다.

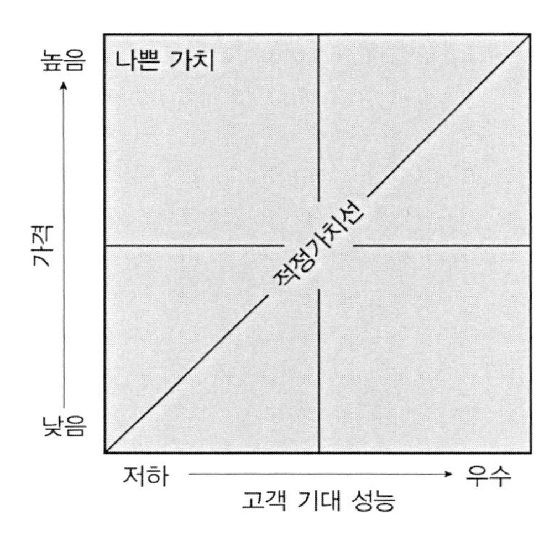

[그림 5]
고객 가치 지도

고객 가치의 연구는 고객 가치 분석(Customer Value Analysis : CVA)이라 불리는 지식의 완제품으로 개발되었다. CVA는 조직의 수익성을 증진하기 위하여 고객 가치의 정의, 측정 향상에 초점이 맞춰진 시장 중심의 일반적 학문 분야이다. CVA는 상품과 서비스의 경쟁적 공급자들 사이에서 사람들이 어떠한 선택을 할 것인가에 대해 초점을 맞춘다. 이러한 접근은 다음과 같은 고개 가치의 중요한 질문에 대한 해답을 찾을 수 있도록 기업을 도와준다.

- 고객들이 한 사업과 그 사업의 강력한 경쟁자들 사이에서 선택을 할 때, 고객가치에 대한 핵심 구매요소는 무엇인가?

- 고객의 요구사항에 대해 기능들이 어떻게 고객에게 지원되는가?
- 고객들은 각각의 핵심 구매요소에 대해 한 사업의 성능 대 경쟁상대를 어떻게 평가할 것인가?
- 고객 가치의 각 구성요소들에 대한 중요도 백분율은 어떻게 되는가?

각 핵심 구매요소에 대해 최상의 수행자를 두드러지게 함으로써 판매담당자들은 그 조직과 그들의 경쟁자의 고객 가치 위치에 관한 중요한 정보를 얻을 수 있다. 때때로 시장 전망은 그 조직 내부에서 개발된 고객 가치와는 다르다. 비록 어떤 조직이 생산품을 시장에 내다파는 방식을 검토하는 것이 이 책의 본 취지는 아니지만 VE 방법론을 적용하고자 하는 사람들은 가치를 향상시키는 데 고객의 요구조건과 필요사항을 이해하는 것이 얼마나 중요한지를 올바르게 인식하는 것이 중요하다.

2.3 가치 창조

궁극적으로 한 조직의 성공은 고객의 요구사항을 얼마나 잘 만족시키느냐에 달려 있을 것이다. 이것을 측정하는 데 중요한 기준이 바로 가치다. VE 방법론은 여러분의 조직에서 제공하는 생산품, 서비스, 시설물의 가치를 창조하고 향상시키는 수단을 제공하게 될 것이다. 조직은 장래의 고객이나 사용자들의 눈을 통해서 가치를 보기 위해 부단히 노력해야만 한다. 이것이 첫째이며 가장 중요하다. 그 다음으로 다음 사항을 염두에 두어야 한다.

- 여러분의 시설물, 생산품 및 서비스로부터 고객 가치가 무엇인지 이해하는 것
- 가치를 측정하고 그 가치에 대해 고객과 의사소통하는 것

- 고객이 무엇을 원하는지 우선순위를 매기고 그것을 제공하는 것
- 기존 고객을 유지하는 것(통상 신규 고객을 확보하는 비용은 기존 고객을 서비스하는 비용의 5~10배가 소요됨)
- 잘 모르는 고객을 잘 아는 고객으로 변환시키는 것
- 고객 중심의 조직 개발을 통한 경쟁적 우위를 창조하는 것

2.3.1 가치를 떨어뜨리는 원인

대부분의 조직은 고객을 위하여 생산품과 서비스를 제공하기 위해 노력하는 것으로 보이지만 최적의 가치는 좀처럼 성취되지 않는다. 시장을 살펴보면, 그림 6에서 볼 수 있는 것처럼 수많은 산업에서의 생산품과 서비스에 대한 고객만족등급(고객에 의해 인지된 가치의 좋은 지표가 됨)은 하향 추세에 있다. 그 이유는 무엇인가? 가치를 저하시키는 많은 이유가 있다. 이들 중 몇 가지를 다음에서 살펴보았다.

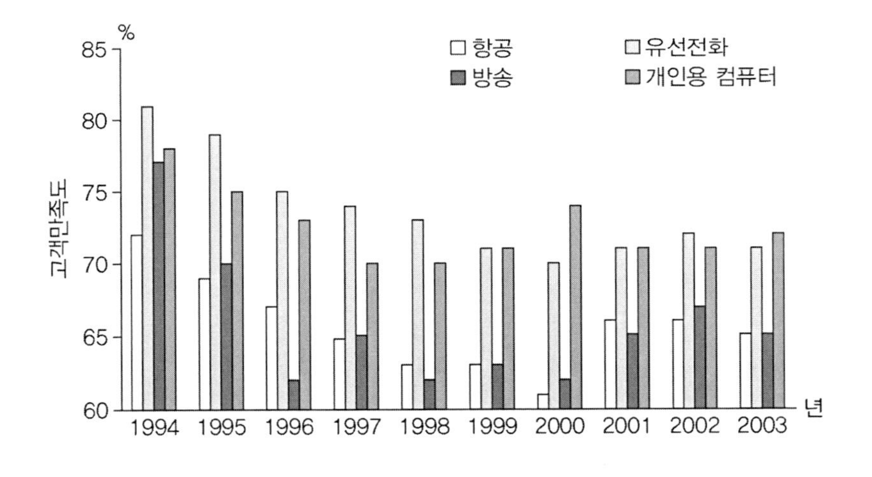

[그림 6]
고객만족도 감소(미국)

- 고객 가치보다는 내부 가치에 초점을 맞춘다.
- 프로젝트의 범위를 개발하는 과정에 있어서 부족한 의사소통이나 합의의 부족
- 고객의 필요사항과 요구조건의 변화

- 구 설계기준 및 기술의 변화
- 부족한 정보에 기반을 둔 부정확한 가정
- 이전 설계개념에의 고착
- 임시상황
- 잘못된 순수한 믿음
- 습관과 태도

앞의 처음 세 가지 항목은 가치를 저하시키는 주범이다. 첫 번째는 보편적으로 나타나는 현상으로서 생산품, 서비스 혹은 시설물의 포함여부에 관계없이 거의 모든 조직에 관계된다. 두 번째, 세 번째는 시설물과 서비스의 개발이 포함된 사업과 조직에서 주로 발생된다.

2.3.2 가치 향상의 형태

가정주부들이 세탁기를 구입하고 물건값을 지불하는 것은 빨래하는 데 수고를 덜어줄 것을 기대하고 세탁기의 가치를 인정하기 때문입니다. 일반적으로 물건이나 작업(일)에 대한 우리의 만족도는 요구하는 것에 대하여 지불하는 금액의 비율로 결정된다. 여기서 만족도란 가치를 말하는 것이며, 요구란 물건이나 작업에 기대하는 기능이며 지불하는 금액이란 코스트를 말한다.

여기서 기능이란 제품이라든가 작업의 활동, 역할, 목적, 사명에 관한 것으로서 '왜 그것이 필요한가', '그것은 무엇을 하기 위한 것인가'에 대한 해답이라고 할 수 있다. 또 코스트란 그 기능을 달성하기 위해서 현재 쓰고 있는 코스트를 말한다.

이러한 개념에서 본다면 가치를 향상시키는 형태는 5가지로 분류할 수 있다.

- 기능을 일정하게 유지하면서 코스트를 낮춘다.

- 기능을 향상시키면서 코스트는 그대로 유지한다.
- 기능을 향상시키면서 코스트도 낮춘다
- 기능을 향상 시킴에 따라 코스트가 소폭 증가한다.
- 기능과 코스트를 모두 낮춘다(시방규정을 낮출 경우).

[표 1] **5가지 유형의 가치 향상의 형태**

구분	①	②	③	④	⑤
Function	→	↗	↗	↗	↘
Cost	↘	→	↘	↗	↘
Type	원가 절감형	기능 향상형	가치 혁신형	기능 강조형	Spec. Down

chapter 03

VE 추진 절차

성공적인 VE는 발주청 VE 담당자, 설계자, 건설사업 관리자, VE 책임자, 팀 구성원들의 우호적인 협력관계 구축 및 모든 VE 절차의 체계적인 관리와 조직에 달려 있다. 따라서 VE의 원활한 수행을 위해서는 단계별 VE 추진 절차 및 내용이 필요하다. 본 장에서는 준비 단계, 분석 단계, 실행 단계로 나누어 각 단계별 주요 업무 내용에 대해서 기술한다. 본 장에서 제안한 절차 및 내용은 일반적인 내용이므로 프로젝트의 조건에 맞게 다양하게 적용될 수 있다.

본 장에서 소개하고 있는 각 단계별 기법들은 모두 적용하는 것이 아니라 각 프로젝트의 성격에 맞추어 선택하여 적용할 수 있다.

[그림 7]
VE 표준 절차

3.1 준비 단계

준비 단계의 주요 목적은 원활한 VE 수행을 위하여 관련된 집단의 협력 체계를 구축하고, 공동 목표를 설정하며, VE 분석 단계에 요구되는 충분한 자료를 확보하는 데 있다.

3.1.1 오리엔테이션 미팅

1) 목적

오리엔테이션 미팅은 VE 분석 단계 활동 1~2주 전에 VE 책임자의 주관하에 개최되며, 발주청의 VE 담당자, VE팀 구성원, 설계팀의 대표자, 건설사업 관리자 등이 포함된다. 오리엔테이션 미팅의 주요 목적은 다음과 같다.

- 프로젝트에 대한 VE팀 구성원의 전반적인 이해
- 발주청 및 설계사에 대한 VE의 목적 및 의의 설명
- VE 활동에 요구되는 각종 정보의 파악 및 수행 전략의 수립
- 설계 제약 조건, 정치적인 문제 등 각종 제반요소의 파악을 통한 VE 활동의 범위 설정을 위한 기초적인 정보의 습득
- VE팀 선정 및 구성 계획 마련
- 요구되는 기술 및 비용 데이터 규정 및 배포

2) 주요 업무 내용

오리엔테이션 미팅의 주요 내용은 팀의 구조, 연구기간 및 발주청과 설계팀의 참여 여부 등의 전략적인 문제와 연구 개시일 및 편의시설 등의 실질적인 문제가 다루어진다. VE 책임자는 전반적인 프로젝트 이해를 통하여 VE 활동에 관련된 집단으로부터 필요한 정보 리스트를 작성한다.

① VE 활동 기간의 결정

일반적으로 VE 분석 단계의 활동은 5일 동안 40시간으로 진행되며, VE 활동기간은 프로젝트의 규모, 특성, 난이도, VE가 실시될 프로젝트의 단계에 따라 가감될 수 있다. 예를 들면, 기획 또는 기본 설계 단계의 VE 활동은 짧은 기간 동안에 수행될 수 있으며, 난이도가 있는 대규모 사업에서는 보다 많은 기간이 필요하다. 그러나 활동 기간이 짧아도 기능 분석과 같은 핵심 VE 프로세스를 간과해서는 안 된다.

② VE 활동 장소 및 조건

VE 활동 장소 결정은 발주청의 담당자, 설계자, 건설사업 관리자, VE 책임자가 상호 합의하여 결정한다. 활동 장소로서 가장 바람직한 위치는 일상적인 업무에서 벗어날 수 있는 곳으로 하되 설계자 사무실과 가까운 곳이 좋다. 또한 VE 활동에 사용되는 방의 크기는 모든 팀 구성원에게 충분히 여유 있는 공간이 필요하고 전화, 팩시밀리, 복사기, 컴퓨터 등 여러 가지 편의시설이 제공되는 곳이 바람직하다.

3.1.2 VE팀 선정 및 구성

1) 목적

VE팀 선정 및 구성 단계의 목적은 분석 단계에서 해당 부문에서 활동할 개별 VE팀 구성원들의 규모, 자격 및 구성안에 대해 결정하는 것이다.

2) VE팀의 규모 결정

일반적으로 VE팀의 규모는 5~7명 정도의 전임요원으로 구성되는 것이 바람직하며, 규모 결정 시 고려사항은 다음과 같다.

- 팀 구성원 전체가 참여 시 VE 책임자가 팀을 통제할 수 있는 규모여야 함

- 규모가 커지면 소수의 구성원에 의해 토론이 진행되어 구성원 전원의 실질적인 참여가 어려워짐
- 규모가 커지면 팀의 단결이 와해될 가능성이 있음

분석 단계의 VE 대상의 수 및 시기에 따라 VE팀의 규모는 달라질 수 있다. 일반적으로 VE팀은 VE 책임자 및 전임(Full-time) 팀원으로 구성되어 VE를 수행하는 것이 바람직하나 대상 프로젝트의 특성과 준비 단계에서 결정되는 VE 대상에 따라 전문 인력 등이 부족할 경우 VE 연구 부문별로 비전임(Part-time) 팀원을 추가로 구성할 수 있다.

3) VE팀 선정

준비 단계에서 결정되는 VE팀 선정 및 구성은 전체 VE 활동의 성공여부를 결정하는 중요한 사항이므로 다양한 전문지식을 가진 팀의 편성과 구성원의 수의 적절한 안배가 요구된다.

프로젝트의 규모, 유형 및 상황, 설계 VE의 수행 시기에 의해 결정되며, 설계 및 시공 부문뿐만 아니라, 시공 후 유지 관리 및 사용 기관의 대표, 발주청의 대표 등의 다양한 전문가의 참여가 구성원 선정 시 고려되어야 한다. 또한 준비 단계에서 결정되는 VE 대상의 각 부문에 따라 VE팀 구성원이 갖추어야 할 전문 영역이 결정될 수 있다. 다음은 VE팀 선정 및 구성 절차를 기술한 것이다.

3.1.3 정보 수집

1) 목적

정보 수집 단계의 목적은 VE 활동을 효율적으로 수행하기 위해서 팀 구성원들이 VE 대상 프로젝트의 주요사항에 대해서 충분히 파악하는 것이다. 본 단계에서 수집된 정보의 질과 포괄성이 VE 활동에

많은 영향을 미치므로 아주 중요한 단계라 할 수 있다. 따라서 정보 수집은 그 질과 포괄성을 향상시키기 위하여 본 단계에서만 실시되는 것이 아니라 VE 활동 전반에 걸쳐 수집되어야 한다.

2) 기대 효과

VE 수행은 대상 프로젝트에 대해 수집된 정보의 품질에 따라 많은 영향을 미치므로 요구되는 정보를 교환하고 필요한 정보를 목록화하여 보다 효율적인 VE 수행을 가능케 한다.

3) 주요 업무 내용

- 프로젝트의 주요사항 발표 : 프로젝트의 주요사항에 대하여 완전한 이해를 돕기 위해서 발주청, 설계팀, VE팀에 의해 다양한 발표들이 이루어진다. 표 2는 발표 주체와 내용 및 효과를 나타낸 것이다.
- 관련 자료 수집 : VE 책임자는 적합한 정보 수집을 위해 정보 제공자와 VE 팀의 협력관계를 구축하는 데 많은 노력을 기울여야 한다. 그리고 발주청의 VE 담당자는 VE 관리자가 이러한 협력관계를 구축하는 데 전폭적인 지원을 하여야 한다. 표 3은 준비 단계에 요구되는 수집 정보의 유형을 나열한 것이다.

[표 2] **정보 수집 단계의 발표 주체, 내용 및 효과**

발표 주체	내용	효과
발주청 경영진	VE 활동의 목표 및 시행 의지	VE팀과 유관그룹의 단합
VE 책임자	VE 프로세스 및 업무 내용의 개략 설명	모든 VE 관련자에 VE 프로세스를 인지하게 함
발주청 담당자 (건설사업 관리자)	프로젝트의 목표	프로젝트에 대한 거시적 목표 제시
설계팀	전문 부문별 설계 의도 및 배경 설명	VE팀의 설계 제약 요건에 대한 논리적 배경 설명

[표 3] **정보 수집 및 분석 단계에서 요구되는 정보의 유형**

- 프로젝트 개요서
- 설계기준
- 시방서
- 법규
- 공간계획
- 시공계획 및 단계
- 지반 조사서
- 환경 조사서
- 설계도면(건축, 구조, 기계, 전기, 토목 등)
- 현장 사진
- 대지 계획
- 생애주기 비용 정보(이자율, 연료비, 사용기간, 운영 및 유지 관리 계획서)
- 공사비 견적(상세 데이터 포함)
- 설계 계산(구조, 기계, 전기 등)
- 조달 전략

- 공사비 견적 검증 : VE 활동에 활용되는 공사비 견적 정보가 VE 결과에 미치는 영향은 매우 크며, 이 비용자료는 VE 대상 선정 및 이후 개발되는 대안과의 비용 비교의 근간이 된다. VE팀은 잠재 연구영역을 확립하고 대체적 아이디어 평가에 제시된 공사비 정보를 활용하기 때문에 본 단계의 공사비 견적 정보는 매우 중요한 것이므로 발주청의 VE 담당자, 설계자, 건설사업 관리자, VE 책임자 등은 이의 중요성을 충분히 인식해야 한다. 필요한 경우 발주청의 VE 담당자와 VE 책임자의 협의를 통하여 외부 공사비 분석 전문가를 고용하여 당해 프로젝트의 공사비에 대한 재견적을 시행할 수도 있다. 하지만 중복된 견적에 소요되는 시간과 비용을 고려한다면 일반적으로 제공된 견적 자료의 간단한 검증 후 조정을 하는 것이 보다 효율적이다.

3.1.4 사용자 요구 측정

1) 목적

사용자 요구 측정 단계의 목적은 VE 대상 프로젝트에 대한 발주자·사용자의 요구를 측정하여, VE 활동의 대상을 선정하는 기준을 마련하는 데 있다.

2) 기대 효과

사용자 요구 측정 단계의 기대 효과는 다음과 같다.

- VE 활동 시 기능 정의, 기능 정리, 기능 평가, 대안 평가 시 의사 결정의 지침 제공
- 운영상 또는 기술상의 성능 수행에 관한 기대나 의향을 명백히 정의하고 이해할 수 있으며 문서화된 참고자료로 사용
- 대안이 발주자의 요구에 합당한지를 확인할 수 있는 평가 척도로 활용

[그림 8]
품질 모델

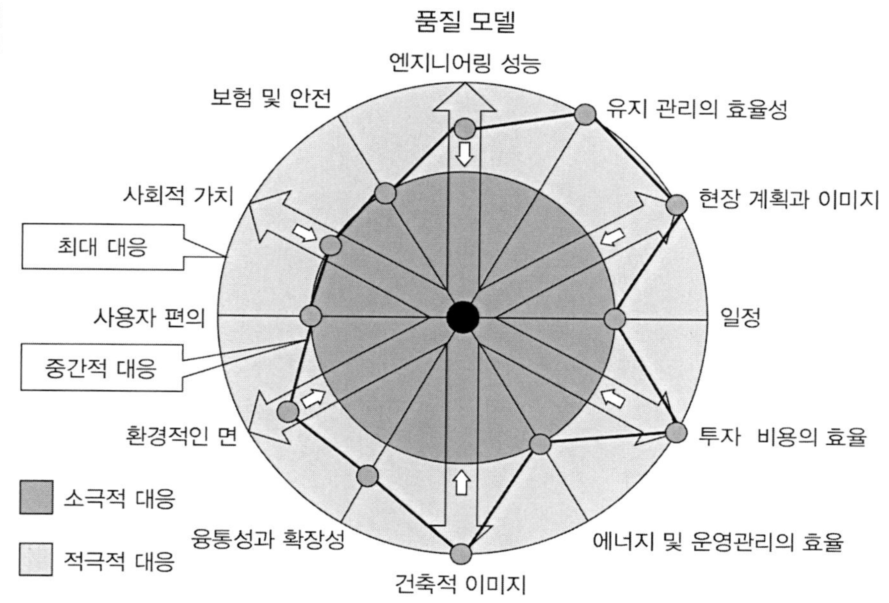

앞에서 기재된 항목에 대한 대응 수준을 주관적 판단에 의해 결정하여 점으로 표시하고 선으로 잇는다. 큰 화살표 방향(큰 원 둘레)으로 향할수록 그 요구에 대한 대응의 수준이 높다는 것을 표현한다.

3) 사용자 요구 측정 방법(품질 모델 작성)

품질모델 작성 절차는 다음과 같다.

- 발주자·사용자의 프로젝트 성능에 대한 요구와 기대를 파악
- 파악된 요구와 기대와 그에 대한 대응 수준에 관하여 발주자, 설계자, VE 팀 구성원들 간의 토론을 통하여 합의
- 이러한 합의에 의해 도출된 사항을 품질 모델 다이어그램에 도식적으로 표현

- 품질 모델은 VE 활동 시 의사 결정의 지침을 제공
- VE 설계 대안이 발주자의 요구에 합당한지를 평가할 수 있는 척도로 활용

3.1.5 대상 선정

1) 목적

대상 선정 단계의 목적은 각종 기법을 활용하여 프로젝트의 특성과 사용자·발주자의 요구측정에 따른 적합한 VE 대상 선정을 하는 것이다.

2) 기대 효과

대상 선정 단계의 기대 효과는 다음과 같다.

- 모델 등의 각종 기법 활용으로 여러 대안을 비교·분석할 수 있음
- 모델의 활용으로 고비용 분야 등을 식별하여 VE 대상 선정 가능
- 잠재적인 VE 대상 분야 선정을 고려할 수 있음

3) 모델 작성

비용 모델(Cost Model)은 미국 VE 협회(SAVE International)에서는 비용 모델은 '전체 시스템이나 구조물 내에서 시스템의 전체 혹은 일부에 대한 총 비용을 나타내기 위해 사용되는 도식화 기법'이라고 정의하고 있다. 즉, 비용 모델은 총 시설물의 비용을 쉽게 분석할 수 있도록 기능적 단위로 분류하고 그래프나 표로 작성한 것이다.

- 비용 모델은 현재까지 견적한 프로젝트의 비용과 목표공사비를 공종별로 세분화한 것으로 대상 분야 선정 등 효과적인 VE 활동의 수단으로 활용됨
- 목표 공사비는 VE 준비 단계에서 결정되어야 함
- 목표 공사비 결정은 구성원의 과거 경험과 실적 공사비 자료를 근거로 할

수 있음

- 견적된 공사비와 목표 공사비 차가 큰 분야가 가치 향상이나 공사비 절감의 가능성이 높음
- 비용 모델은 프로젝트 특성과 설계 진척 정도에 따라 이용 가능한 정보가 다르기 때문에 다양한 형태와 표현 양식으로 나타날 수 있음

[표 4] **비용 모델의 구성**

구분	유형
그래프 형태	다이어그램형, 막대그래프형, 파이차트형
이용 가능 정보	프로젝트별, 공구별, 공간/부위별(Space), 공종별 세부 구성 항목별 등
비용	공사비 모델, LCC, 에너지 비용 등

4) 에너지 모델(Energy Model)

VE 활동의 또 하나의 큰 목표는 에너지 사용의 최적화이다. VE 책임자는 필요에 따라 비용 모델과 유사한 방식으로 에너지 모델을 만들어 VE팀이 활용할 수 있도록 제공해야 한다.

본 모델의 특징 및 작성 시 고려사항은 다음과 같다.

- 에너지 모델은 정확한 에너지의 요구량이나 그 비용 산정을 위해 작성하는 것이 아니며, 에너지 소비가 가장 많은 영역을 신속히 규정하고자 하는 것으로 이를 통하여 비용 절감과 에너지 절감 가능성이 높은 잠재영역을 검색하기 위한 목적으로 활용되는 것
- 시설물의 하부 시스템이나 특정 지역의 에너지 소비량을 제시
- 일반적으로 연간 kwh 단위로 에너지를 표시
- 비용 모델과 마찬가지로 목표 에너지 소비량이 VE 분석 단계 동안에 각 영역별로 할당되어야 함
- 에너지 소비 목표량 또한 VE 구성원의 과거 경험과 실적 자료를 바탕으로 작성

5) 생애주기비용 모델(LCC Model)

생애주기비용 모델을 초기 공사비뿐만 아니라 운영 및 유지 관리에 소요되는 생애주기비용을 분석하기 위해 활용된다.

본 모델의 특징 및 작성 시 고려사항은 다음과 같다.

- VE 분석 단계 동안 VE팀이 제시하는 각종 대안의 공사비 영향도를 뒷받침하는 자료로 사용됨
- 특히 에너지 소비가 집중적으로 발생하는 시설물이나 공간에 유용
- 본 모델에서 사용되는 각종 이자율, 할인율 등에 대한 적정 값은 발주청의 VE 담당자, 설계자, 건설사업 관리자, VE 책임자 등에 의해 검토된 후 사용

3.1.6 대상 선정 기법의 종류 및 특징

비용 모델을 활용한 대상 선정 기법과 그 외 실무에 적용할 수 있는 몇 가지 VE 대상 선정 기법들을 소개하고자 한다. VE 대상을 선정하기 위해 사용되는 기법으로는 고비용 분야 선정기법, Cost to Worth 기법, 비용·성능 평가 기법, 복합 평가 기법, 가중치 부여 복합 평가 기법 등이 있다. 대상 선정 기법 간의 주요 특징을 평가 기준을 바탕으로 비교하면 표 5와 같다.

[표 5] VE 대상 선정 기법 간의 비교

VE 대상 선정 기법	운용기법의 개요	평가기준	특성
고비용 분야 선정 기법	고비용 분야를 VE 대상으로 선정	비용	공종별, 공구별 비용 산출이 쉬운 프로젝트에 적합
Cost to Worth 기법	가치 대비 비용의 크기가 큰 부분을 VE 대상으로 선정	가치 대비 비용 크기	공종별, 공구별 비용 산출이 쉽고 많은 유사 프로젝트에 대한 과거 실적자료가 있는 프로젝트에 적합
비용·성능 평가 기법	비용과 성능을 함께 고려하여 VE 대상을 선정	비용과 성능을 종합적으로 판단	공종별, 공구별 비용 산출이 쉽고 과거 실적자료가 불충분한 프로젝트에 적합
복합 평가 기법	VE 대상 선정 평가 항목으로 개선 예상 효과, 투입 가능 노력, 팀의 능력, 제약조건 등을 복합적으로 고려하여 대상 선정	개선 예상 효과, 투입가능 노력, 팀의 능력 등	시공 VE에 적합, 해당 프로젝트가 대규모일 때 적합
가중치 부여 복합 평가 기법	VE 대상 선정 평가 항목으로 품질 향상, 원가절감, 공기 단축, 안전성, 제약성 등에 가중치와 예상 만족도를 고려하여 대상 선정	품질향상, 안전성, 제약성 등	복합 평가 기법과 유사함. 평가 항목에 대한 가중치 산정이 중요

1) 비용·성능 평가 기법

비용·성능 평가 기법은 비용중심의 고비용 분야 선정기법, Cost to Worth 기법과는 달리, 비용과 프로젝트의 성능 향상(발주자·사용자 요구를 포함)을 동시에 고려하여 VE 대상을 선정하는 기법이다.

비용·성능 평가 기법의 절차는 다음과 같다.

- VE팀은 각 항목별 비용을 기입하고, 각 성능 항목 등에 대하여 VE팀의 주관적인 평가치(만족도)를 기입(예－○ : 3점(만족), △ : 2점(보통), × : 1점(불만족))
- 각 항목별 비용의 총합과 성능 평가치를 각각 합산하여 총합계를 구함
- 각 항목별로 비용 및 성능의 상대적 비율(%)을 구함
- 비용과 성능의 비율을 함께 고려하여 VE 대상 분야와 강화 대상 분야를 판정

표 6은 비용·성능 평가 기법의 한 예로서, 비용 외에 발주자·사용자의 요구, 공기(시간), 기술적 타당성을 포괄하는 성능이라는 평가 기준을 제시하였다. 세부 평가 기준, 항목, 평가 방법 등은 각 프로젝트의 유형 및 VE팀의 의견에 따라 다양해질 수 있다.

[표 6] **비용·성능 평가 기법 적용의 예**

(단위 : 천 원)

구성항목	비용		성능				
	비용 (공사비)	비율 (%)	발주자 사용자 요구	공기	기술적 타당성	합계	비율 (%)
대지 조성	1,000,000	8.0	○	△	△	7	13.6
상하부 구조체	1,770,000	14.0	△	×	×	4	7.7
지붕	1,000,000	8.0	×	○	△	6	12.0
외벽/창/문	1,080,000	8.5	×	○	△	6	12.0
승강기	200,000	1.5	○	○	△	8	15.0
기계설비	3,420,000	26.0	○	○	△	8	15.0
전기설비	2,030,000	17.0	○	○	○	9	17.0
내부공사/마감	2,180,000	17.0	×	×	△	4	7.7
총계	12,680,000	100.0				52	100

* 범례 : 성능 판단 기준 ○ : 3점(만족), △ : 2점(보통), × : 1점(불만족)

2) 복합 평가 기법

비용 모델 기법을 적용하지 않고, VE 대상 선정을 위한 평가 항목으로 개선 예상 효과, 투입 가능 시간, 팀의 능력, 제약조건 또는 해결 가능성 등을 설정하고, 복합적으로 평가하여 VE 대상을 선정하는 기법이다. 이러한 복합 평가 기법의 사용 시에는 대상 프로젝트의 유형과 특성에 맞추어 평가 항목을 정하는 것이 중요하다.

복합 평가 기법의 활용 절차는 다음과 같다.

- 당해 프로젝트에 대해 개선의 여지가 많은 분야를 후보 대상으로 선정
- 당해 프로젝트의 특성에 맞추어 평가 항목(예, 효과성, 투입노력 등)을 정

하고 VE팀의 주관적 판단에 의해 평가치(예 : ○, △, × 등)를 기입
- 평가 항목에 대한 평가치의 결과를 고려한 뒤 최종 판정

표 7은 VE 대상 선정을 위해 복합 평가 기법을 적용한 예를 나타내고 있다.

[표 7] **복합 평가 기법 적용의 예**

현장명 : 000 매립현장　　　　　　　　　　　　　작성일 :

후보 대상명	효과성	투입 노력	현장 조직	제약성	판정
1. 상치콘크리트 침하 방지	○	×	△	×	×
2. 상치콘크리트 타설 방법 개선	△	×	×	△	×
3. 오염 방지막 설치 방법 개선	○	○	△	△	◎
4. 사석 선별 방법 개선	×	×	○	△	×
5. MAT 포설 방법 개선	△	○	○	○	◎
6. 속채움 사석 투하 방법 개선	○	○	△	○	◎
7. BLOCK 거치 방법 개선	○	×	○	×	×
8. BLOCK LIFTING 용 ROPE 설치 방법 개선	△	△	○	×	×
9. BLOCK 거푸집 조립 방법 개선	×	×	△	△	×
10. 매립 방법 개선	○	×	×	×	×

* 선정 대상명(◎)　3. 오염방지막 설치 방법 개선
5. MAT 포설 방법개선
6. 속 채움 사석 투하 방법 개선

* 표기 방법　○ : 평가 항목에 대하여 충분히 가능
△ : 평가 항목에 대하여 검토 또는 조사가 요망
× : 평가 항목에 대하여 불가능

* 판정 방법의 예　○표가 3개 이상이면 채택한다.
△표가 2개 이상이면 재검토하여 판정한다.
×표가 1개 이상이면 제외한다.

3) 가중치 부여 복합 평가 기법

복합 평가 기법의 또 다른 형태로 가중치 부여 복합 평가 기법이 있다. 가중치 부여 복합 평가 기법은 복합 평가 기법과 마찬가지로 프로젝트의 유형 및 특성에 따라 다양하게 선정된다(예 : 품질 향상, 원가 절감, 공기 단축, 안전성, 제약성 등). 그러나 평가 항목에 가중

치를 설정한다는 점에서 큰 차이가 있다.

가중치 부여 복합 평가 기법 활용 절차는 다음과 같다(표 8 참조).

- 대상 프로젝트에 대해 개선의 여지가 많은 분야를 후보 대상으로 선정
- 대상 프로젝트의 특성에 맞추어 평가 항목(예 : 품질 향상, 원가 절감, 공기 단축 등)을 선정하고 VE팀의 주관적 판단에 의해 가중치를 부여
- 이때 가중치는 100점을 총점으로 하여 각 평가 항목별로 주관적으로 산정
- 각 후보 대상에 대한 평가 점수를 부여

  〈평가치 분류－5 : 매우 우수, 4 : 우수, 3 : 보통, 2 : 곤란, 1 : 매우 곤란〉
- 「㉮ (가중치) × ㉯ (평가점수)」를 계산하여 결과를 ㉰란에 기입
- 각 후보 대상별 평가점수의 합계를 ㉱(총점)란에 기입
- 총점이 높은 순서대로 VE 대상 선정 순위를 부여

표 8은 가중치 부여 복합 평가 기법의 예를 나타내고 있다.

[표 8] **가중치 부여 복합 평가 기법 적용의 예**

번호	후보 대상명	평가 항목										총점	순위
		품질 향상		원가 절감		공기 단축		안전성		제약성			
		가중치 30 ㉮		가중치 20		가중치 20		가중치 10		가중치 20			
1	목재 천정틀 공법 개선	5 ㉯	150 ㉰	3	60	2	40	4	40	1	20	310 ㉱	2
2	인조석 현장 물갈기 공법 개선	4	120	2	40	3	60	4	40	1	20	280	4
3	지하주차장 바닥마감 개선	3	90	2	40	5	100	3	30	3	60	320	1
4	방수 공법 변경	1	30	2	40	4	80	4	40	5	100	290	3

* 범례
- 평가 항목별 예상 만족도(5 : 아주 우수, 4 : 우수, 3 : 보통, 2 : 곤란, 1 : 아주 곤란)
- 선정된 VE 대상명 : 3번 지하주차장 바닥마감 개선

4) 착수 순위 결정

선정된 VE 대상에 대한 착수 순위 결정은 효과성, 취급 용이성, 해결 능력 등을 ○, ×로 평가하여 ○의 수가 가장 많은 순서대로 결정한다.

착수 순위 결정표의 활용 절차는 다음과 같다(표 9 참조).

- 당해 프로젝트의 특성에 맞추어 평가 기준에 대한 하위 평가 항목을 정함
- 평가 항목에 의거, 각 선정된 대상을 VE팀의 주관적 판단에 의해 ○, ×로 표기
- ○의 수의 합계가 많은 대상을 우선 착수 대상으로 선정

표 9는 선정된 대상의 착수 순위를 결정한 예를 나타내고 있다.

[표 9] **착수 순위 결정표의 예**

현장명 : 000 매립현장　　　　작성일 :

기준	평가 항목	선정된 VE 대상 번호		
		3	5	6
효과성	1. 개선 효과가 있는 것	○	○	○
	2. 동일 형태가 많은 것	○	○	×
	3. 반복이 기대되는 것	×	○	○
	4. 비용절감 효과가 큰 것	○	×	×
	5. 사용자의 애로가 많은 것	×	×	×
	6. 비용비율이 높은 것	○	×	×
	7. 시공이 복잡한 것	×	×	×
취급 용이성	1. 개선안의 실현이 예측되는 것	○	○	○
	2. VE팀 구성원이 문제로 삼고 있는 것	○	○	×
	3. 자료가 정리된 것	×	×	×
	3. 비교적 소규모 대상의 것	○	×	×
능력	1. 독자적으로 할 수 있는 것	○	○	○
	2. VE팀 구성원의 능력에 적합한 것	○	○	○
	3. VE팀 구성원의 전문 분야에서 선정한 것	○	○	○
	4. 시간, 사람을 사용할 수 있는 범위의 것	○	○	○
○의 수 합계		11	9	7
착수 순위		1	2	3

* 범례 : 선정된 VE 대상명
3. 오염 방지막 설치 방법 개선, 5. MAT 포설 방법 개선, 6. 속채움 사석투하 방법 개선

3.2 분석 단계

분석 단계는 VE 활동의 핵심적인 단계로서, 정보 수집 및 사용자 요구 측정을 통해 VE 대상을 선정하고 여러 기법을 활용하여 실질적인 VE 대안 제시의 기초가 되는 것이다.

3.2.1 기능 분석

기능 분석 단계의 목적은 VE 대상 선정 단계에서 결정된 VE 대상 분야에 대하여 기능 정의(분류 포함) – 정리 – 평가의 세 단계를 수행하여 프로젝트를 새로운 안목으로 관찰하게 하여 아이디어 창출의 근본을 만드는 것이다.

[표 10] 기능 분류의 구분

구분	기준	유형
주기능 (기본 기능)	프로젝트의 핵심 기능	발주청의 핵심적인 필요 사항 및 요구사항
부기능 (2차 기능)	주기능 이외의 모든 기능	주기능을 달성하기 위해 선정된 방법 또는 공법의 결과로 생김
필수 부기능	반드시 수행되어야 하는 특정 부기능	법규에 의해 요구되는 기능

1) 기능 정의/분류

기능 정의란 시스템 및 그 구성요소들의 작용이나 역할을 언어구조상의 형식(명사+동사)을 사용하여 그 존립 목적을 표현하는 방식이고, 기능 분류는 기능 정의에서 정의된 기능들을 핵심적인 필요 사항과 이것을 달성하기 위한 부수적 기능으로 분류하는 것이다.

기능 정의/분류의 목적은 '왜 이 요소가 한 시스템의 구성에 필요한가?'를 기능적 측면에서 고찰하여, 그 기능을 대신하는 아이디어 창출의 실마리를 얻고자 하는 것이다.

기능 정의/분류의 절차는 다음과 같다.

- 기능은 '명사+동사'의 조합으로 표현
- 명사는 계량 및 측정을 통하여 정량화가 가능한 표현을 사용
- 동사는 팀 구성원의 사고의 폭을 넓게 할 수 있도록 함축적, 단순하고, 쉬우며, 동적인 표현을 사용
- 한 요소가 여러 기능을 가질 수 있으며, 사용 목적에 따라 그 기능은 달라질 수 있음
- 가장 많이 쓰이는 기능 분류 방식은 기능 정의에서 정의된 기능들을 주기능(기본 기능)과 부기능(2차 기능)으로 분류하는 것

2) 기능 정리

기능 정리란 기능 정의/분류 단계에서 정의된 기능의 목록에서 실제로 필요한 기능을 확인하여 'How-Why Logic'을 이용하여 기능 간의 위계 관계를 정리하여 이를 기능계통도(Function Analysis System Technique, 이하 FAST)로 표현하는 것이다. 기능 정리의 목적은 분석 대상의 필요, 불필요 기능을 규명하여 구성원의 아이디어 창출을 촉진시키는 것이다.

기능 정리의 절차는 다음과 같다.

- 주기능을 맨 왼쪽에 위치시키고 주기능에 대한 수단(How?)이 되는 부기능들을 주기능의 오른쪽에 위치시킴
- 부기능의 목적(Why?)이 되는 기능들을 왼쪽에 위치시킴
- 기능평가 및 아이디어 창출을 위한 연구 범위선(Scope Line)을 설정

FAST(Function Analysis System Technique)는 최종 생산물이나 결과가 아니라 시작에 불과하다. 이것은 연구 중에 있는 주제를 공개하고 광범위한 연속적 연구 접근법과 분석 비법에 대한 기본을 형성한다. 1964년 Charles W. Bytheway 씨가 발명하여 1965년, 미국 가치공합 협회에서 책자로 처음 출간된 FAST는 가치 공학에서

아마도 가장 중요한 단계라고 할 수 있는 기능 분석면에서 눈에 띄게 공헌하였다.

동사와 명사를 사용하여 기능에 대하여 설명하는 가치공학의 원리는 여전히 변치 않았다. 기본 기능과 이차 기능의 구분, 그리고 그것들의 부분 집합 역시 FAST 과정으로 편입된다. 가장 큰 차이점은 기능을 시험하기 위하여 직관적 논리학을 사용하며 그 결과를 도표나 모델 형태로 표현한다는 것이다. 랜덤 기능 분석법과 FAST의 차이점은 FAST 과정이 하나의 기능을 다른 기능에 의존하는 것처럼 보인다는 것이다. 이러한 의존 형태는 FAST 모델의 구조를 형성하게 된다.

기능 분석은 모든 기술을 넘나드는 일반적인 언어이다. 이는 여러 전문분야의 팀원들(multidisciplined team members)이 선입견이나 미리 내려진 결론 없이 문제를 객관적으로 발언하면서 서로 의사소통하고 동등하게 공헌하게끔 해준다. FAST는 효과적인 경영 도구로서 기능적으로 설명될 수 있는 어떤 상황에서든지 사용될 수 있다. 그러나 FAST가 만병통치약은 아니다. 이 툴을 적절하고 효과적으로 사용하려면 반드시 이해해야 할 규정이 있다.

FAST는 범위가 없는 시스템이다. 즉, 이는 스스로 기능들을 논리적으로 표시하며 그들의 우선순위를 정하고 의존성을 시험한다. 그러나 기능이 어떻게 잘 수행될 것인지(사양), 언제(시간을 기본으로 하지 않음), 누구에 의해서, 얼마나 수행될 것인지에 대해서는 말하지 않는다. FAST는 매우 명백한 해결책을 만들어내는 과정이라는 면에서 문제를 해결하지 못할 수도 있지만 이로 하여금 문제의 주요한 특징을 구별해낼 수 있고, 이를 논리적 형태로 수립하며 그러한 기능들이 어떻게 실행될 수 있는가에 대한 검토를 촉진한다.

FAST 모델을 몇 가지 텍스트 해결책과 비교하였을 때 올바른 FAST 모델은 없지만 유효한 FAST 모델은 있다. 그 유효성의 정도는 참가한 팀원들의 능력과 그 문제에 효과를 가져올 수 있는 관련된 분야의 범위에 따라 달라진다. FAST 실습에 관련된 여러 전문 분야로 구성된 팀에서 가장 중요한 단일 산출물은 일치된 의견이다. 여기에는 마이너리티 리포트가 있을 수 없다. FAST는 그 모델이 참가한 팀원들의 일치된 의견을 얻어내고 그들의 입력이 적절히 반영되었을 때 완전해질 수 있다. FAST의 개념과 모델링에 대한 규칙이 비교적 단순하다고 할지라도 하드웨어 견본을 사용하여 취득한 최고의 것은 프로세스에 대한 이해이다. 이는 유형의 것에 그 규칙을 적용하면서 FAST 모델을 만들어내도록 허용하게 된다. 이러한 목적에 맞는 제품으로 불을 붙이고 가스를 채우는, 일회용 라이터를 들 수 있다.

[표 11] **담배용 라이터(가스 주입형)**

구성 요소	기능	B	S
담배용 라이터	열을 생산한다.	✓	
몸체	연료를 저장한다.	✓	
	구성요소를 지탱한다.		✓
	제품을 광고한다.		✓
	손에 잡기 쉽게 한다.		✓
밸브 부품	연료를 방출한다.	✓	
	흐름을 제어한다.		✓
밸브 레버	밸브를 연다.		✓
휠 부품	마찰을 생성한다.		✓
부싯돌	불티를 생성한다.		✓
	입자에 전류를 통하게 한다.		✓
보호물	불꽃을 보호한다.		✓

이 라이터를 만들려면 19개의 부품이 있어야 한다. 각각의 부품은 각각의 기본 기능 혹은 그것이 존재하는 근본 원인이 있다. 그러나 전체 제품을 평가하다보면 모든 부품이 라이터에 대한 기본 기능을 가지고 있지는 않음을 알 수 있다. 문제를 단순화하여 FAST 과정을 이해하는 데 지장이 없도록 하려면, 더욱 분명한 구성 요소를 사용해야 한다. Random Function Analysis 법을 사용하면 우리는 제품의

구성 요소를 구별해내고 그 부품들의 기능을 결정할 수 있다. 그러고 나서 라이터를 정상적으로 사용할 때 그 기본들이 기본 기능인지 이차 기능인지를 '임의로' 결정하는 것이다.

이 예제에서 '열을 생산한다', '연료를 저장한다', '연료를 방출한다' 그리고 '열을 발생한다' 기능은 실패하면 라이터를 사용하고자 하였던 의도를 수행할 수 없게 되므로 기본 기능으로 간주할 수 있다. 이 예제에서 기본 및 이차 기능의 선택을 변경하는 것에 대한 유효 논쟁이 있을 수 있음을 알게 되었을 것이다. 이것이 곧 '임의' 기능 분석이라는 이름이 생겨나게 된 이유이기도 하다. 임의 분석과정의 또 다른 단점은 어떤 기능의 다른 기능에 대한 의존성을 쉽게 식별할 수 없기 때문에 많은 운영 기능이 생략된다는 것이다. 기능의 수를 증가시키면서 기능 의존성을 구별하는 방법은 다음과 같은 모델링 과정에서 알 수 있다.

[표 12] **기능의 확장**

왜(WHY)	기능	어떻게(HOW)
열을 생산한다.	불꽃을 생성한다.	연료에 불을 붙인다.
연료를 전송한다.	연료를 저장한다.	연료를 넣는다.
라이터를 작동한다.	구성 요소를 유지한다.	부품을 조립한다.
운동을 제어한다.	손에 잡기 쉽게 한다.	용기를 만든다.
연료에 불을 붙인다.	연료를 방출한다.	밸브를 연다.
불꽃을 운용한다.	흐름을 제어한다.	출구를 제한한다.
연료를 방출한다.	밸브를 연다.	밸브를 누른다.
연료에 불을 붙인다.	불티를 생성한다.	재료를 문지른다.
불티를 생성한다.	입자에 전류를 통하게 한다.	부싯돌을 친다.
담배에 불을 붙인다.	불꽃을 보호한다.	제품을 제어한다.

앞의 표에서 가운데 부분은 표 11과 같은 기능을 포함하고 있음에 주목해야 한다. 이제 '어떻게'와 '왜'라는 질문을 해보도록 한다. 대답은 기능으로 표현되어야만 한다. '어떻게'와 '왜' 질문은 FAST 과

정의 중심부로부터 나온 직관적 논리이다. 열을 가로질러 읽으면서 기능의 의존도를 시험해본다. '어떻게' 방향으로 '어떻게 열을 생산하는가?'라고 질문한다. '불꽃을 생성하여', '어떻게 불꽃을 생성하는가?', '연료에 불을 붙여서'와 같이 논리적인 표현이 된다. 이제 같은 열을 가로질러가면서 '왜' 질문을 함으로써 논리를 점검해본다. '당신은 왜 연료에 불을 붙였는가' 등등. FAST의 구조를 결정하는 다른 도구들은 모두 이런 질문들에 대한 보완적인 것들이다. 기능의 수를 구성하는 과정에서는 두 가지 규칙이 적용된다.

- 이미 구별이 되어 배치가 끝난 기능은 반복하지 않도록 한다.
- 가치 공학 검토 단계에서처럼 산출된 결과를 미리 판단하지 않도록 한다.

FAST 모델을 만드는 과정은 빠뜨린 기능을 찾아낼 뿐만 아니라 적용이 불가능한 기능들은 제외시킨다. 이 활동의 목적은 모든 기능들이 다 최종 모델에 적합한 것은 아님을 인지하면서 관련된 기능들을 찾기 위함이다. 또한 직관적 논리의 시험을 위하여 사용된 일련의 세 가지 기능들은 FAST 모델에 더욱 적합하도록 분리·사용할 수도 있다.

기능 정리 기법(FAST 다이어그램)의 종류 및 특징은 다음과 같다.

[표 13] **기능 정리 방법 간의 주요 특징**

기능 정리 방법	개요	주된 적용 목적
전통적인 FAST 다이어그램	모든 기능들의 상호 관련성을 'How?' –'Why?' 논리를 이용하여 표현하는 방법	가장 일반적인 기능정리 방법으로 널리 사용되어옴
고객 중심의 FAST 다이어그램	발주자 사용자의 관점에서 프로젝트, 제품, 서비스에 대한 기능을 총체적으로 검토하기 위한 방법	프로젝트 전체의 기능을 전반적으로 정립할 때 유리함 기능평가 시에는 부정합의 사용에 유리함
기술적인 FAST 다이어그램	주 기능정리 선에 주기능과 부기능들을 위치시킨 후, 필수기능들을 수직('When') 선상에 위치시킴	프로젝트 일부 공종, 공구, 부위를 대상으로 기능을 정리할 때 사용될 수 있음

① 전통적인 FAST 다이어그램(Classical FAST Diagram)

- 전통적인 FAST 다이어그램은 모든 기능들의 상호 관련성을 'How?–Why?' 논리를 이용하여 표현하는 방법으로 최초 형태의 FAST 다이어그램이다.
- 전통적인 FAST 다이어그램 작성 원칙은 다음과 같다.

–최상위기능을 맨 왼쪽에 위치시킨다.

–주기능을 최상위 기능의 오른쪽에 위치시킨다.

–부기능은 'How?–Why?'의 질문을 통하여 목적이 되는 기능은 왼쪽에 위치시키고, 수단이 되는 기능은 오른쪽에 위치시킨다.

–이때 둘 이상의 기능이 상위 기능에 대해 동반 수행되면, 그 기능들을 상위 기능의 오른쪽에 아래위로 나란히 위치시킨다.

–필수 부기능(예 : 법규, 시방 등)은 제약조건으로 하여 FAST 다이어그램의 왼쪽 하단에 위치시킬 수도 있다.

그림 9는 전통적인 FAST 다이어그램의 작성 원칙을 그림으로 설명하고 있다.

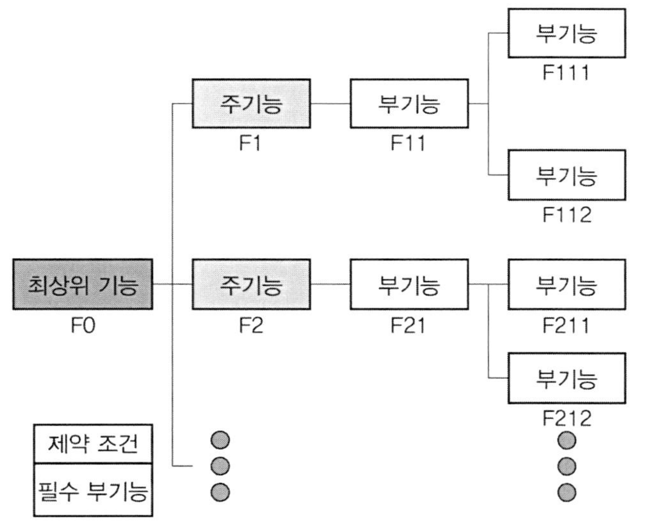

[그림 9] **전통적인 FAST 다이어그램 작성 원칙**

그림 10은 전통적인 FAST 다이어그램 작성의 예(옥상방수)를 보여주고 있다. 이 예에서 최상위 기능은 '누수를 방지한다'이고 주기능은 '콘크리트면과 물을 분리한다'와 '물을 흐르게 한다'이다.

[그림 10] **전통적인 FAST 다이어그램 예(옥상방수)**

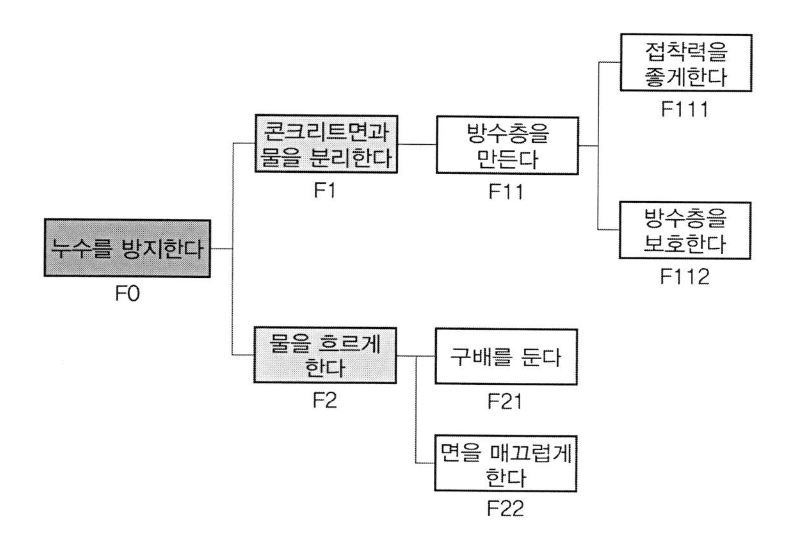

② 고객 중심 FAST도

- 고객 중심 FAST는 이용자의 관점에서 프로젝트, 제품, 서비스에 대한 기능을 총체적으로 검토하기 위한 기법이다.
- 고객 중심의 FAST도를 작성함으로써 이용자의 필수 기능과 지원 기능을 정의하고 이해하는 데 도움을 주며 필수 기능과 지원 기능 사이의 논리적 상호 연관성을 파악하는 데 도움을 준다.

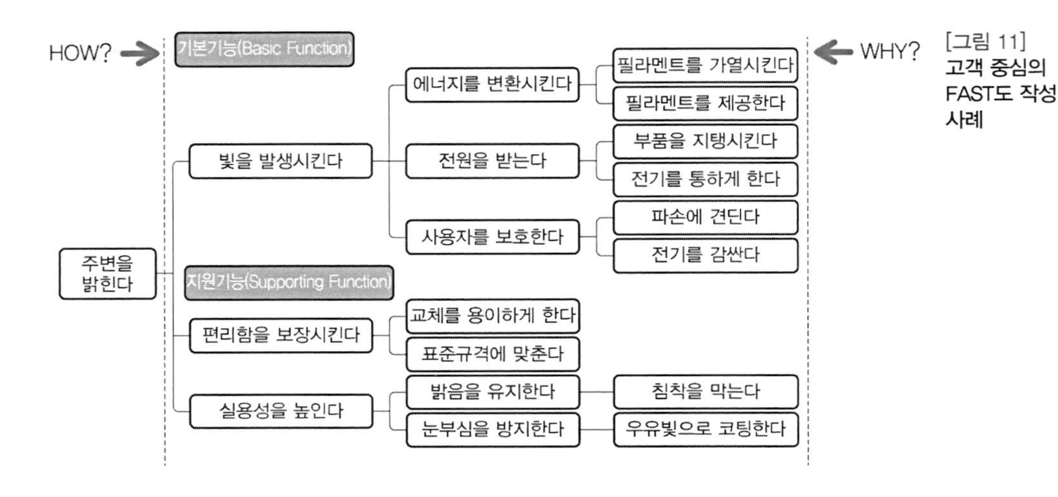

[그림 11] **고객 중심의 FAST도 작성 사례**

③ 기술적 FAST도

기술적 FAST 다이어그램은 주 기능 정리 선(Critical Path)을 이용하여 기능들의 상호연관성을 명확히 표현하기 위해 사용되는 방법이다. 그리고 고객중심 FAST도는 일반적으로 수직적이고 협소하지만, 기술적 FAST도는 수평으로 퍼져 있는 형태이다.

기술적 FAST도의 작성 절차는 다음과 같다.

- 구성요소, 시스템, 공간 등에 대한 기능을 확인하고 정의한다.
- 종이에 기능을 적어 모든 사람이 볼 수 있게 배열한다.
- 주 기능정리 선(Critical Path)을 설정한다.

－하나의 최상위 기능을 결정한다.

－하나의 주기능을 결정한다.

－부기능들을 식별한다.

－오른쪽 범위선 밖에 위치하는 원인 기능(검토 범위 밖의 기능으로 최하위 기능)을 식별한다.

  · 동반 부기능들을 결정한다. 부기능에 의해 발생되거나 그와 동시에 발행되는 부기능들을 수직('When')선상에 위치시킨다.
  · 항시 발생하는 부기능인 항시 기능과 설계목표 기능을 주 기능 정리 선 상부에 위치시킨다.

• 'How? – Why?' 논리를 계속 검토한다.

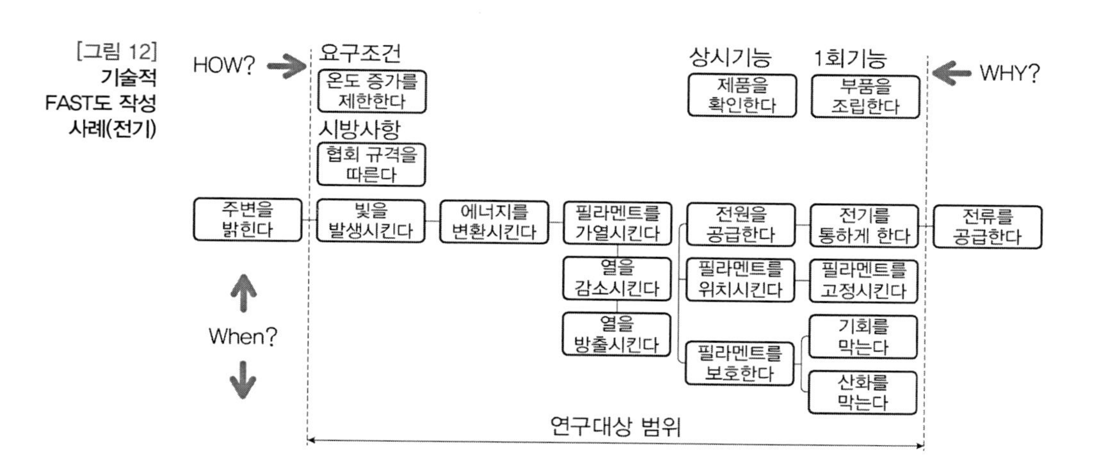

[그림 12] **기술적 FAST도 작성 사례(전기)**

④ FAST도 구조

- 범위선(Scope Line)은 VE 검토를 수행하는 영역의 한계를 나타내며, FAST도에서는 두 개의 수직 점선으로 표현된다.
- 최상위 기능은 좌측 범위선 밖의 기본 기능 왼쪽에 위치한다.
- 하위 기능은 검토 중인 주제를 시작하는 투입 위치를 나타낸다.
- 가정 기능은 오른쪽 범위선의 맨 오른쪽에 위치한다.
- 요구 조건이나 시방기준은 프로젝트의 운영 환경을 나타내는 조건이다.
- AND 연결은 기능을 쪼개고 가르는 역할을 나타내고 기능들이 서로 동등한 정도인지 아니면 중요성에 있어 차이가 있는지를 표현한다.

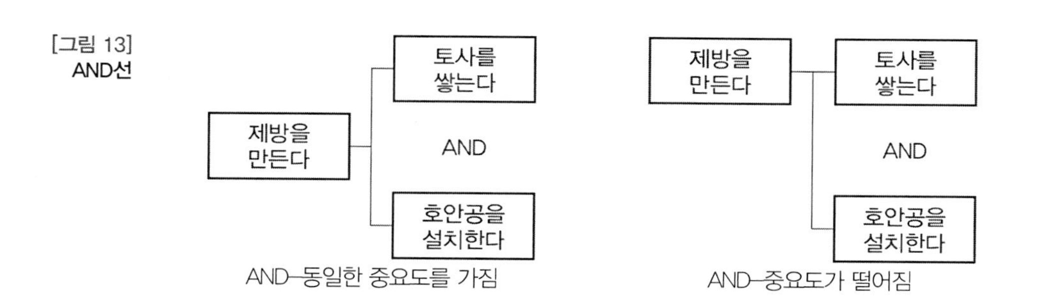

[그림 13] **AND선**

• OR 연결은 그림 14에서 보는 바와 같이 기능으로부터 퍼지는 선으로 표시하며 기능경로에 있어 선택할 수 있는 몇 가지 방안이 있음을 의미한다.

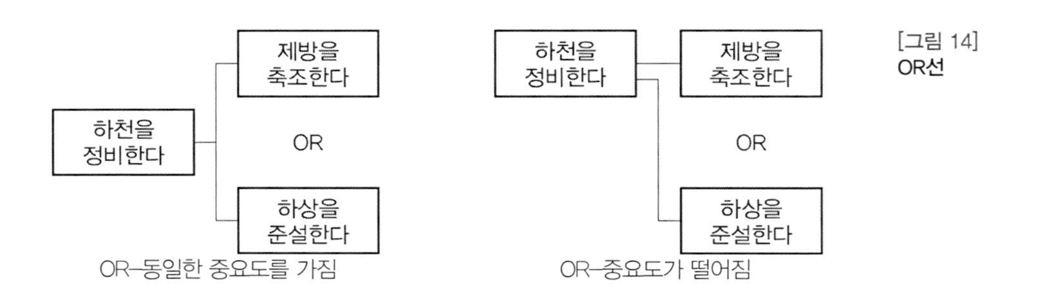

[그림 14]
OR선

3) 기능 평가

FAST 다이어그램상의 기능들은 중점 개선 대상 기능을 선정하기 위하여 다양한 방법을 통하여 금전적으로 평가되는 것이 일반적이다. 즉, 각 기능에 현재 비용(C)과 그 기능을 수행하는 데 소요되는 최소비용인 기능비용(F)을 산정하고, 'V=F/C'로 비교·평가하여 각 기능들의 가치지수(Value Index)를 산정한다. 가치지수가 낮으면 절감의 가능성과 가치 향상의 가능성이 크다고 할 수 있다. 이러한 일련의 기능을 평가하는 과정을 기능평가라 한다.

① 기능 평가의 절차

- FAST 다이어그램에서 평가 대상의 기능 레벨을 설정하고 평가할 기능들을 선정(평가 대상 기능들은 일반적으로 연구 범위선 내의 주기능들임)
- 각 기능 분야별 현재 비용(C)을 배분
- 각 기능 분야별 기능비용(F)을 구함
- 'V=F/C'를 이용하여 가치가 낮은 분야 확인
- 'Pi=C–F'를 이용하여 개선 가능 금액이 큰 분야 확인(Pi : 개선 가능 금액)
- 개선 대상 기능들의 착수 순위를 결정하여 중점 개선 대상 기능을 최종 결정

• 개선의 목표를 수치화함으로써 개선 활동의 동기를 부여하고, 개선 활동의 결과를 예측

② 기능 평가 기법의 종류 및 특징

기능 비용(F)의 산출 과정은 VE 추진 과정 중에서 상대적으로 어려운 부분이다. 기능 비용(F) 값의 산정은 비용 절감의 개선 잠재력이 큰 부분을 선택하고, 기능 분석의 최종 목적인 중점 개선 기능 분야를 식별하기 위한 하나의 과정이기 때문에 필요 이상으로 정확히 산정하지 않아도 된다.
기능 평가 기법 간의 특징을 살펴보면 표 14와 같다.

• 과거 실적 자료(Historical Data)에 의한 기법 : 과거의 실적 데이터를 기준으로 해당 기능을 수행하는 데 소요되는 비용을 통계적 수치로 나타내어 그중 최저의 값을 기능 비용(F)으로 정하는 방법이다. 이는 실적 데이터가 존재하는 경우에 가능한 기법이다.
• 강제 결정 법(FD법-Forced Decision)과 기능 분야별 가중치 부여 결정법(IWDM법-Improved Weight Decision Method)
- FD법 : 기능 상호 간의 1:1 비교를 통하여 중요도를 평가하는 기법으로 VE 팀의 주관적 판단에 의해 각 기능의 중요성에 대한 순위를 집계함
  FD법의 활용절차는 다음과 같음
  · 각 기능에 대해 짝을 지어 비교함
    (예 : F1과 F2, F3, F4 각각과 기능의 중요도를 비교)
  · VE 팀의 주관적 판단에 의해 각 기능의 중요성 평가치를 기입
    (높은 쪽 : 1, 낮은 쪽 : 0)
  · 각 기능별 중요도 평가 점수를 합산
  · 중요도 평가 점수를 합계를 기준으로 집계하여 순위를 결정
  · WDM법의 표에 정해진 기능의 중요 순위대로 위에서 아래로 기입
- IWDM법 : FD법에 의해 결정된 기능의 중요 순위대로 표로 작성하여 기능의 상대적인 중요도, 누적치, 가중치 등을 구하는 기법

IWDM법의 활용 절차는 다음과 같다.

- FD법에 의한 최하위 기능을 1로 기준할 때, 다른 기능의 중요도는 몇 배인가를 VE팀 주관적 판단에 의해 결정
- 위에서 구한 기능의 중요도를 표의 중요도란에 기입
- 각 기능의 누적치와 합계를 구함
- 각 기능의 가중치를 구함
- 보정치를 VE팀의 주관적 판단에 의해 구함
- 가중치와 보정치를 가감하여 확정 가중치를 구함
- 현재 비용(C)을 기입하고 기능 비용(F)를 구함

[표 14] **기능 평가 기법 간의 특징 비교**

기능평가 기법	개요	특징	비고
과거 실적자료	해당 기능을 달성하는데 소요되는 최소 비용을 산정하기 위해 과거의 비용 자료를 사용하는 방법	해당 기능의 실적 자료가 있을 경우 현재의 비용과의 단순한 비교로 판단 가능하여 손쉽게 사용할 수 있음	실적 자료가 있을 경우 사용 가능
FD법과 IWDM법	기능 상호 간의 기능의 중요도를 판단, 평가하는 방법	실적 자료가 없을 경우 사용하는 방법으로 기능간의 쌍별 비교법이 사용됨	기타 방법이 어려울 경우 사용 가능하지만 복잡한 계산 절차가 약점
경험에 의한 기능 비용 산출 방법	복수의 전문가 의견을 활용하는 방법	수명의 전문가로부터의 의견을 델파이 기법을 활용하여 수차례에 걸쳐 수렴시키는 방법	다수의 전문가의 의견을 수렴시키는 의사 결정 방법으로 델파이 기법 사용
부정합 (Value Mismatches)	기능에 소요되는 현재 비용과 발주청·사용자 만족도를 비교하여 상호 일치하지 않는 부분을 판단하는 방법	발주청·사용자 관점의 기능 평가가 가능하며, 고비용 분야와 기능개선 및 조정 분야를 동시에 파악할 수 있음	기능에 대한 발주자, 사용자의 요구 및 만족도에 대한 파악이 선행되어야 기능 중요도가 정해짐

[표 15] **FD법과 IWDM법을 이용한 기능별 개선 착수 순위 결정표**

FD법(강제결정법)의 예

기능	내용	F1	F2	F3	F4	합계 점수	순위
F1	형태를 만든다.		0	1	1	2	2
F2	형상을 유지한다.	1		1	1	3	1
F3	하중을 지지한다.	0	0		1	1	3
F4	면을 좋게한다.	0	0	0		0	4

IWDM법의 예

기능	비교 평가			중요도	누적치	가중치 (%)	보정치	확정 가중치 (%)	현상 비용 (C)	기능비용 (F)
F2	2			2	12 (6*2)	57.0 (12/21*100)	−3.1	54.0	48,011	41,703 (77,227*0.54)
F1	1	3		3	6(2*3)	28.6 (6/21*100)	+1.4	30.0	18,940	23,168 (77,227*0.30)
F3		1	2	2	2(1*2)	9.5 (2/21*100)	−0.5	9.0	6,398	6,950 (77,227*0.09)
F4			1	1	1	4.8 (1/21*100)	+2.2	7.0	3,878	5,406 (77,227*0.07)
합계					21	100.0	0.0	100.0	77,227	77,227

기능별 개선 착수 순위 결정표의 예

기능분야	현재 비용(C)	기능비용(F)	V=F/C	C−F	순위
F1	18,940	23,168	1.22	−4,228	3
F2	48,011	41,703	0.87	6,308	1
F3	6,398	6,950	1.09	−552	2
F4	3,878	5,406	1.39	−1,528	4
계	77,227	77,227		0	

- 경험(델파이기법)에 의한 기능 비용 산출 기법 : 경험(델파이기법)에 의한 기능 비용 산출 기법은 복수의 전문가 의견을 활용하는 기법으로 그 활용 절차는 다음과 같다.
  - VE팀 구성원 각자 기능별 가중치를 경험과 주관에 의해 부여하여(1차 평가) 해당 칸에 기입
  - 각 기능별 가중치 합계의 1차 평균치를 산출하여 ㉮란에 기입
  - 산출된 평균치의 내용을 참고하여 팀원 각자 기능별 가중치를 2차 평가하여 해당란에 기입

– 2차 평가에 대한 각 기능별 가중치 합계의 평균치를 산출하여 ㉯란에 기입

– 각 팀원의 각 기능에 대한 가중치의 합은 항상 100임

– 확정가중치(㉰)는 2차 평가의 평균치를 사용하고 단위는 백분율(%)을 사용(확정가중치를 2차 평가의 평균치를 사용하는 이유는 2차 평가의 결과가 더욱 더 신빙성과 정확성이 있다는 전제가 있기 때문)

– 현재 비용(C)의 합계(㉱)×확정가중치(㉰)=비용 배분

– 기능비용(F) 산출 : 현재 비용(C)과 비용 배분 항의 비용 중에서 작은 값을 선택

표 16은 경험(델파이법)에 의한 기능 비용 산출의 예를 나타내고 있다.

[표 16] **경험에 의한 기능 비용 산출 기법의 예**

구분	전문가1	전문가1	전문가1	전문가1	전문가1	판정
F1	40 / 38	45 / 42	46 / 42	42 / 40	41 / 40	43 / 40
F2	31 / 30	32 / 30	33 / 31	32 / 31	31 / 30	32 / 30
F3	24 / 24	20 / 21	18 / 20	24 / 24	25 / 25	22 / 23
F4	4 / 6	2 / 5	2 / 5	1 / 4	2 / 4	2 / 5
F5	1 / 2	1 / 2	1 / 2	1 / 1	1 / 1	1 / 2
계	100 / 100	100 / 100	100 / 100	100 / 100	100 / 100	100 / 100

• 기능 평가표 : 프로젝트의 구성 항목(공간별, 부위별, 공종별)에 대하여 기능 정의–정리–평가한 결과를 종합하여 기능평가표를 작성한다. 이러한 표는 VE 제안서와 최종 VE 보고서 양식으로도 활용될 수 있다. 기능 평가표의 작성 절차는 다음과 같다. 기능평가표의 사례는 표 17과 같다.

– 구성항목에 대한 기능을 정의(명사+동사)

– 각 기능을 주기능과 부기능으로 분류

– 각 기능의 현재 비용(C)과 기능비용(F)을 구함

- 가치지수를 산정하고 가치지수가 작은 기능을 선정
- 구해진 가치지수를 이용하여 중점 개선 대상 기능 선정

[표 17] **기능평가표(예)**

기능 분야	현재 COST(C)	기능의 평가도 (나)%	COST 배분 (가)×(나)	기능의 평가치 (F)	V=F/C	C-F	착수 순위
F1(면을 만든다)	5,872	40	6,572	5,872	1.00	0	5
F2(형상을 유지한다)	5,916	30	4,929	4,929	0.83	987	1
F3(하중을 지지한다)	3,444	23	3,779	3,447	1.00	0	3
F4(측압을 견디게 한다)	874	5	821	821	0.94	53	2
F5(면을 좋게 한다)	324	2	329	324	1.00	0	4
계	(가)16,430	100	16,430	15,393	93.7		

3.2.2 아이디어 창출

아이디어 창출 단계의 목표는 정보 단계에서 수집된 정보와 기능 분석을 통하여 선정된 개선대상 기능들을 달성할 수 있는 대체 방안(아이디어)을 팀 구성원의 숙고를 통하여 되도록 많이 창출하는 것이다.

1) 기본 원칙

다수의 아이디어의 창출을 위하여 고안 단계에서 VE 팀에 의해 반드시 지켜야 할 원칙은 다음과 같다.

① 판단의 연기

- 제안된 아이디어의 판단은 엄격히 금지되어야 함
- 자신 및 다른 구성원의 아이디어에 대한 부연 설명도 금지되어야 함
- 부연 설명을 금함으로써 아이디어의 창출이 방해 없이 동시 다발적으로 이루어질 수 있고, 판단을 금함으로써 비현실적이라고 생각되는 아이디어의 제안을 가능케 함
- 이러한 비현실적인 아이디어는 실행 가능하며 가치 있는 아이디어 제안의

촉매 또는 시너지 효과를 가져옴

② 긍정적인 분위기
- 팀 구성원의 각각의 아이디어는 상호 존중되어야 함
- 자신의 안이 팀 전체가 창출한 안에 긍정적인 효과를 준다는 확신을 갖도록 함
- 아이디어가 실행 불가능하다는 부정적인 시각을 버리고, 실행 가능할 수 있도록 하는 이유를 찾도록 팀의 분위기를 조성하여야 함

③ 다수의 아이디어
- 소수의 우수한 아이디어 창출보다는 다수의 아이디어(Quantity of ideas)의 창출이 중요함
- 비현실적 아이디어는 팀 구성원의 사고의 전환을 유발시킴

④ 아이디어 편승
- 팀 구성원 간의 아이디어의 상호 교환 작용을 통하여 다수의 아이디어가 창출되는 효과가 있음
- 아이디어의 양부에 관계없이 다른 사람의 아이디어에 편승하여 가치 있는 아이디어의 제안이 가능함

2) 장애요소

아이디어 창출 단계에서 극복되어야 할 창의력의 장애 요소는 크게 다음의 다섯 가지로 구분될 수 있다.

- 인식적 장애 : 자신이 알고 있는 부문 이외의 지식이나 정보에 대한 자연적인 거부감을 말함
- 습관적 장애 : 대부분의 설계 팀 및 시공 팀이 오래된 시방서나 규정에 도전의식 없이 그대로 사용하는 경우가 많음

- 정서적 장애 : 일반적으로 옳지 않거나 차선책의 아이디어에 반한 의견을 제시하는 것을 두려워함
- 문화 환경적 장애 : 개인이 자라온 문화나 환경에 의해 그 문화에 동질화됨으로써 창의적 사고의 폭이 좁아짐
- 직업적 장애 : 전문 직종에 대한 교육 및 규제는 사람들의 행동과 인식의 범주를 제한함으로써, 창의적인 사고에 장애요소가 될 수 있음

3) 아이디어 창출의 기법 및 특징

① 브레인스토밍(Brainstorming)

브레인스토밍은 Alex F. Osborne 박사가 창안한 창조성 개발기법으로 일명 '오스본법'이라고 한다. 이것은 리더, 기록자 외에 10명 내외의 참가자들이 기존의 관념에 사로잡히지 않고 자유로운 발상으로 아이디어나 의견을 내는 것이다.

브레인스토밍의 원칙은 다음과 같다.

- 타인의 아이디어나 의견에 대해 판단(비판) 금지
- 자유롭게 아이디어나 의견 제시
- 질보다 양을 추구하여 다수의 아이디어 도출
- 타인의 아이디어에 의견을 결합하여 새로운 아이디어와 의견을 발상

브레인스토밍의 장단점은 표 18과 같다.

[표 18] **브레인스토밍의 장단점**

장점	단점
• 아이디어 창출이 용이 • 거의 모든 경우에 적용이 가능 • 다양한 아이디어를 얻을 수 있음 • 새로운 아이디어를 얻기가 쉬움	• 타인에게 의지하여 진지하게 생각하지 않는 참가자가 나올 수 있음 • 리더에 따라 성과가 좌우됨 • 발표력이 부족한 사람은 능력을 살리기 어려움

② 오스본의 체크리스트(Osbon's check list)

- 다른 용도는 없는가 …… 현재 상태를 약간 변경하여

- 다른 데서 아이디어를 구할 수 없을까 …… 이것과 비슷한 것은 무엇인가, 다른 아이디어를 구할 수는 없는가, 과거와 비슷한 것은 없는가
- 바꾸면 어떤가 …… 요소를 바꿔보면 어떤가, 다른 레이아웃으로 하면, 다른 순서로 하면, 원인과 결과를 바꿔보면,
- 확대하면 어떤가 …… 무엇인가 첨가하면, 시간을 들이면, 보다 수를 늘리면, 길게 하면, 강하게 하면, 다른 가치를 첨가하면, 중복시키면, 과장하면
- 축소하면 어떠한가 …… 무엇인가 제거하면, 적게 하면, 압축하면, 엷게 하면, 소형으로 하면, 낮게 하면, 짧게 하면, 가볍게 하면, 분할하면, 줄이면
- 대용하면 어떠한가 …… 다른 사람을 대신하면, 다른 것으로 대신하면, 다른 요소로 하면, 다른 재료로 하면, 다른 공정으로 하면, 다른 동력으로 하면, 다른 방법에 의하면
- 거꾸로 하면 어떠한가 …… 포지티브(Positive)와 네거티브(Negative)를 거꾸로 하면, 반대로 하면, 뒤집으면, 상하 거꾸로 하면, 역할을 거꾸로 바꾸어 하면
- 결합시키면 어떠한가 …… 결합 조립은 어떠한가, Unit을 결합시키면, 목적을 결합시키면, 아이디어를 결합시키면

3.2.3 아이디어 평가

아이디어 평가 단계는 아이디어 창출 단계에서 고안된 수많은 아이디어들 중 개발, 시행 가능한 것들을 스크린 하는 과정이다. 이 단계에서 이루어지는 평가는 개별 아이디어의 장단점을 충분히 고려한 객관적인 것이어야 하며, 단순한 아이디어라 할지라도 쉽게 폐기하지 말고 유사 아이디어와 조합하여 가능성을 다시 추구하는 접근을 시도하여야 한다.

1) 목적

아이디어 평가 단계의 목적은 아이디어 창출 단계에서 창출된 많은 아

이디어 중 그 평가를 통하여 구체화시킬 아이디어를 선택하는 것이다.

2) 평가 기준 결정

효과적, 효율적인 평가를 위하여 프로젝트 및 아이디어에 따라 적정한 기준의 선정은 매우 중요하다. 건설 사업에서 활용되는 일반적인 평가기준은 다음과 같다.

3) 개략 평가

개략 평가란 구성원들이 제안한 많은 아이디어를 개략적으로 몇 가지 기준으로 평가하는 단계로서 일반적으로 개략 평가 기준이 되는 지표는 다음과 같은 요소들이 있다.

- 설계부합성, 시공성, 기술성, 기능 만족도
- 범례 : ○ 실행 가능한 것
  △ 좀더 상세한 조사를 요하는 것
  × 전혀 실현이 불가능한 것

[표 19] **평가 기준**

평가 기준	주요 평가 항목
비용	• 초기 투자 비용, 운영 및 유지 비용, 관리요원 비용 등의 절감 가능성 • 시행 용이성 및 재설계 관련 비용 • 부대 비용에 미치는 영향
기능	• 미적 요소, 보안 요소, 대안의 필수 기능 충족성 • 원 설계에 대비한 대안의 개선 정도 • 시설물의 장래사용 및 확장에 대한 융통성
시간	• 설계 시간 및 공사 기간에 미치는 영향 • 시설물 또는 그 구성 시스템의 내구성, 신뢰성 및 사용 수명
기타	• 시공성 및 법규 관련 사항 • 안전성, 환경성, 민원 발생

4) 대안의 구체화

개략 평가 단계에서 선정한 아이디어들에 대한 구체적 조사·분석을 통하여 제안서를 작성해가는 과정이다. 이 단계에 수행되는 작업들은 VE 분석 단계의 약 1/2 정도의 많은 시간이 소요되기도 한다. 본 단계에서의 고려사항은 다음과 같다.

- 개발 단계는 팀 구성원의 기술적 전문지식이 필수적으로 요구됨
- 선정된 대안들에 대한 구체적 연구를 통하여 스케치, 상세 계산 데이터, 소요 비용 및 기타 대안의 특성 등 구체안의 개발이 이루어짐
- 개발되는 대안은 상호 독립적이어야 하나 미적 기능이 강조되는 경우 의사 결정자의 승인 가능성을 높이기 위하여 둘 이상의 저가 대안들을 제공하는 것이 바람직함

5) 대안 평가

아이디어 창출 후 개략평가를 거친 아이디어 중 서로 경합하는 아이디어가 있을 경우에는 가장 좋은 아이디어를 구체화시키기 위하여 상세평가를 하여야 한다. 이때 주로 사용하는 평가 기법은 가중치 부여 매트릭스 평가법이다.

① 평가 항목 선정

- 최적안 선정을 하기에 앞서 평가 항목을 결정해야 한다. 이때 품질 모델과 FAST 다이어그램을 참고로 하여 평가 항목을 결정한다.
- 평가 항목은 보통 5~10항목 정도이고, 상호 독립적이어야 한다. 표 20은 평가 항목 선정의 예를 나타내고 있다.

[표 20] **평가 항목 선정의 예**

평가 기준	평가 항목	
성능 요인	• 미적 성능 • 기능성 • 친환경성 • 유지 관리 성능	• 편리성 • 쾌적성 • 주행안정성
시공성	• 작업성 • 시공안전성	• 부착성 • 작업편의성

② 절차 : 매트릭스 평가법의 활용 절차는 다음과 같다.

- 중요한 평가기준 항목들을 평가 항목란에 나열
- 평가 항목들은 서로 쌍방으로 비교되고, 가중치 측정기준을 참고하여 그 비교정도를 오른쪽 란에 기입(만약 두 평가 항목의 중요도가 동일하게 평가되었을 경우에는 A/B와 같은 방법으로 표기)
- 평가 항목에 대한 점수를 합산하여 합계 점수란에 기입
- 평가 항목에 대한 가중치를 구하기 위하여 합산된 점수를 10점 척도로 환산
- 평가 항목의 가중치를 구한 후, 대안을 비교평가하기 위해 대안별 매트릭스에서 대각선으로 표시된 란 중 왼쪽에는 각 평가 항목에 대한 대안의 평가치를 5점 척도를 사용하여 나타냄
- 대각선으로 표시된 란 중 오른쪽 란에는 각 평가 항목의 가중치와 대안의 평가치를 곱한 값을 기입하고 그 합계를 총점란에 기입
- 각 대안의 총점을 구함
- 가장 높은 점수를 확보한 대안을 최종 대안으로 선정

[표 21] 매트릭스 평가법

매트릭스 평가법		기관	AA공사
사 업 명	○○지구 ○○공사		
회의장소	AA공사 소회의실	일시	2003. 11. 13

중요도
4 – 상당히 중요한 경우
3 – 중요한 경우
2 – 약간 중요한 경우
1 – 거의 차이 없음
1/1 – 두 기준이 동등한 경우

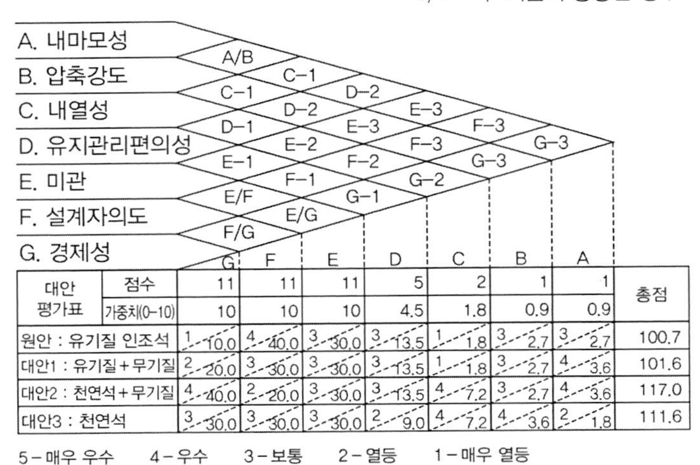

대안 평가표		G	F	E	D	C	B	A	총점
	점수	11	11	11	5	2	1	1	
	가중치(0–10)	10	10	10	4.5	1.8	0.9	0.9	
원안 : 유기질 인조석		1 / 10.0	4 / 40.0	3 / 30.0	3 / 13.5	1 / 1.8	3 / 2.7	3 / 2.7	100.7
대안1 : 유기질+무기질		2 / 20.0	3 / 30.0	3 / 30.0	3 / 13.5	1 / 1.8	3 / 2.7	4 / 3.6	101.6
대안2 : 천연석+무기질		4 / 40.0	2 / 20.0	3 / 30.0	3 / 13.5	4 / 7.2	3 / 2.7	4 / 3.6	117.0
대안3 : 천연석		3 / 30.0	3 / 30.0	3 / 30.0	2 / 9.0	4 / 7.2	4 / 3.6	2 / 1.8	111.6

5 – 매우 우수　4 – 우수　3 – 보통　2 – 열등　1 – 매우 열등

3.2.4 제안

제안 단계는 VE Job Plan의 마지막 단계로서 발주청의 의사 결정자(경영진, VE 담당자, 건설사업 관리자 등)와 원 설계팀에게 제안서로 작성한 VE 활동의 결과를 구두로 발표하는 단계이다.

1) 제안서 작성

VE 책임자는 다음의 내용을 작성 또는 첨부하여 해당 발주청에 제출한다.

• 당초설계와 제안된 설계와의 차이 설명, 각각의 장·단점, 기능이 변경된 경우 그 타당성, 변경에 의한 시설물의 성능에 미친 영향 및 이와 관련된

객관적인 자료

- 제안이 채택된 경우에 변경된 설계기준 또는 시방서의 목록
- 발주자가 제안을 채택하여 실시한 경우 각각의 제안사항이 건설사업비에 미치는 분석 자료
- 수정 설계 비용, 시험 및 심사비용 등 제안을 채택할 경우 발주자가 부담할 가능성이 있는 비용의 설명 및 견적
- 제안된 변경사항이 생애주기비용에 미치는 영향에 대한 예측
- 제안사항이 설계 또는 시공에 미치는 영향
- 기타 제안의 우수성을 판단하는 데 필요한 자료

2) 제안서 발표

VE팀이 VE 수행 결과로서 제시하는 최종 대안을 의사 결정자 및 원 설계팀에게 잘 전달하는 것은 매우 중요하다. 발표 시 전략은 다음과 같다.

- 의사 결정자는 크게 발주청의 경영진, 담당자, 건설사업 관리자 등 운영주체와 원설계팀으로 구분되므로 발표의 내용은 이 두 그룹의 주요 관심사항에 초점을 맞추는 전략의 수립이 필요
- 1시간 내외의 짧은 시간에 여러 부문의 제안들을 발표하는 경우가 보통이므로 시행 가능성이 높다고 판단되는 제안 순으로 발표
- 토론의 여지가 많은 상세한 사항에 대해서는 별도의 시간을 할당하는 등 발표 시간을 효율적으로 활용
- 발표 시에는 우호적인 분위기의 조성이 요구됨. 특히, VE팀에 대한 반감을 최소화하기 위하여 발표 시 원설계의 우수성 및 이를 토대로 대안이 창출되었음을 강조
- VE 분석 단계에서 설계의 오류가 발견되더라도 발표 시에 부각시키는 것보다는 대안과의 차이점을 강조하는 우회적인 접근이 필요

3.3 실행 단계

실행 단계는 분석 단계에서 제시된 각 VE 제안의 최종 처리 단계로서 VE 수행을 마무리하는 아주 중요한 단계이다. 일반적으로 분석 단계의 VE 활동이 끝나면 실질적인 VE 활동이 종료되는 것으로 인식하고 있으나 실행 단계에서 VE 제안에 대한 사후 처리를 효과적으로 관리하지 않으면 지금까지의 VE 활동은 무의미하게 되므로 VE 수행주체는 이의 중요성을 충분히 인식해야 한다.

3.3.1 제안서 검토

분석 단계가 종료되면 VE 책임자는 발표 시에 논의된 내용을 VE 제안서에 보충하여 발주청의 경영진, 담당자(건설사업 관리자 포함)와 설계자 등에 제출하여 검토를 받게 된다. 이를 바탕으로 최종적으로 VE 제안의 처리 결과가 결정되면, VE 담당자는 VE 제안의 처리 결과를 포함한 최종 VE 보고서를 작성하여 VE 제안서의 제출이 완료되면 VE 책임자와 VE팀의 업무는 사실상 종료되며, 이후의 최종 VE 보고서의 작성은 발주청의 VE 담당자가 주관하게 된다.

- 제안서 수록 권장항목 : 제안서 및 최종보고서에 기본적으로 수록해야 할 권장항목 및 세부내용을 표 22에 제시하였다.
- 요약 보고서 : 일반적으로 각 조직의 최상위 관리자 또는 의사 결정자는 검토해야 할 많은 업무가 있는 주체이다. 그래서 각 프로젝트에서 제안된 VE 보고서의 세부적인 내용에 대한 정밀한 검토는 사실상 불가능하므로 요약 보고서가 필요하다.

  요약 보고서에 수록해야 할 내용은 다음과 같다.

 – 연구 목적
 – 연구 장소와 일시

- 각종 모임의 장소와 일시(참석자 명단과 함께)
- VE팀 명단
- 연구 결과의 개략적인 기술(제안 수, 절감(가능)액 등)
- 연구결과 또는 연구와 관련되는 주목할만한 내용
- 다음 VE 수행절차에 대한 개략적인 기술

[표 22] VE 제안서 및 최종 VE 보고서에 수록해야 할 항목

	개요 보고서	표준 보고서	종합 보고서
VE 제안서	• 실행 계획 요약서 • VE 제안 요약서 • VE 제안서와 실행 제안서 • VE 팀원	개요 보고서 내용 포함 • 프로젝트 기술서 • VE팀 의견서 • 기능 분석도 • 아이디어/평가표 • 견적서 사본 • 검토된 설계도서 목록	표준 보고서 내용 포함 • 서론 • 적용된 VE 기법 설명
최종 VE 보고서	개요 보고서 내용 포함 • VE 제안 처리 결과	표준 보고서 내용 포함 • VE 제안 처리 결과 • 교훈	종합 보고서 내용 포함 • VE 제안 처리 결과 • 교훈

• 실행 요약서 : 실행 요약서의 작성목적은 VE 제안을 시행하고 관리함에 있어 업무의 편리성을 제공하기 위한 것으로 발주청의 요구가 있을 경우에 작성한다. 실행 요약서는 일반적으로 1~2장의 범위에서 VE 실행안의 핵심적인 내용을 간결하게 수록해야 한다.

3.3.2 제안서 승인

제안서 승인은 제안된 VE 대체안의 최종 처리를 결정하는 것으로 그 절차는 다음과 같다.

• VE 제안의 심의 결과는 '채택, 기각, 재검토'의 세 가지 유형으로 구분
• 발주청의 VE 담당자는 심의결과에 대한 토의를 위하여 심의팀, 설계팀, VE팀이 참여하는 모임을 주관
• 이 모임에서 개별 제안의 심의결과에 대한 이유의 설명과 각 팀의 의견

개진 및 조정을 통하여 개별 제안의 최종 처리 방안을 결정
• 기각된 제안에 대해서는 심의자가 잘못된 이해가 있었는가를 점검하고, 재검토 제안에 대해서는 어떠한 최종 결정을 내려야 하는가에 대하여 상세히 논의되어야 하며, 채택된 제안에 대해서는 구체적인 실행 계획을 수립
• 수정 설계에 반영하기 위한 실행 계획은 설계자가 주관하여 작성하게 되며, VE 책임자와 건설사업 관리자 등은 이에 적극적으로 협조해야 함
• VE 제안에 대한 협의에서도 최종 처리 절차가 조율이 되지 않을 경우에는 설계자문위원회에 이를 회부함

채택, 기각, 재검토와 관련된 세부내용은 다음과 같다.

• 채택
– 채택은 VE 제안서의 개별 VE 제안에 대한 완전한 수용을 의미
– 수용된 VE 제안은 즉시 수정 설계 작업이 수행되어야 함
– 만약, VE 제안 중의 일부 내용만 수용되고 다른 요소는 거부된 경우 이는 VE 제안의 기각 또는 재검토의 대상이 됨
– VE 제안이 채택된 다음 사안에 따라 수정설계를 실시하는 동안 원 VE 제안의 일부 조정이 요구되는 경우가 있다. 이러한 경우에는 조정 내용이 실행계획서 및 요약서에 구체적으로 기술되어야 함
• 기각 혹은 재검토
– VE 제안을 기각할 경우 각 심사 주체는 객관적이고 기술적인 근거를 제시해야 함
– VE 담당자는 심의결과 중에서 반대 혹은 재검토에 대한 근거를 충분히 검토하고 그 수용 여부를 결정
– 만일 심사자에 따라 다양한 심의 결과가 제출된 경우에는 설계자문위원회에 회부하기 전에 전술한 바와 같이 관련주체 모임을 통해 충분히 협의를 거쳐야 함

3.3.3 후속조치

후속조치 활동의 절차는 다음과 같다.

- 채택된 VE 제안을 수정설계에 반영한 후 실제적인 효과를 제안 당시의 예상 효과와 비교
- 실행 과정상에 발생된 제반 문제점들을 분석하여 향후 VE 활동에 반영
- 실행이 되지 않은 제안일지라도 VE 분석 단계로부터 얻어진 기술정보들을 축적하여 재활용할 수 있는 방안을 각 발주청 차원에서 마련함
- 제안 적용의 효과는 시공 완료 시뿐만 아니라 시설물의 사용 기간 동안에도 점검되어야 하므로 시공이후 사용자의 만족도 및 시설물의 효용성을 점검하는 POE(Post Occupancy Evaluation) 등을 활용하여 장기적인 제안 적용 효과의 평가도 필요
- 모든 VE 활동이 종료되면 VE 담당자는 최종 VE 보고서를 작성
- VE 제안의 실행과 관련한 각종 후속조치 업무는 발주청의 주관하에 수행되는 것으로 해당 기관에서는 VE 제안을 적극적으로 수용하고 실행 가능하려는 자세와 노력이 요구됨

참고문헌

1. 동아건설산업(주), 공정개선 및 시스템 개발과정(VE), 1999.
2. 동아건설산업(주), VE 사례집, 1998.
3. 손명섭, 가치공학(Value Engineering), 동아기술공사.
4. 임종권, 최영민, 김용수 공역(원저자, Robert B. Stewart), 가치공학의 원리, 구미서관, 2006.
5. 한국개발연구원, VE방법론 및 제도활성화 연구, 2000.
6. 한국건설산업연구원, 건설관리 및 경영, 보성각, 1999.
7. 한국도로공사 CVS 역(원저자, J. Jerry Kaufman), 가치공학 실무, 구미서관, 2007.
8. 한국표준협회, 제품개선 VE, 2000.
9. 한국VE연구원, 건설 VE전문가 기본과정 교재, 2018.
10. (주)기산, VE 사례집, 1995.

part IV

수명주기비용(LCC)

김용수

chapter 01

수명주기비용(LCC) 분석의 개요

1.1 LCC 분석의 정의 및 개념

LCC 관련 핵심용어는 LC(Life Cycle), LCS(Life Cycle Stage), LCC(Life Cycle Cost) 그리고 LCCing(Life Cycle Costing) 등이 있으며 이에 대한 정의는 다음과 같다.

- LC(Life Cycle) : 수명주기 또는 생애주기로 통용되며 사물(대상물, 목적물)의 기획, 설계, 제작, 사용 및 폐기처분 등의 일련의 수명 전 과정을 의미한다. 일반적으로 건설 분야에서의 수명주기는 시설 기획(Planning), 설계(Design), 시공(Construction), 사용(유지 관리, Running) 및 폐기처분(Demolition) 등 일련의 수명 전 과정을 의미한다.
- LCS(Life Cycle Stage) : 수명주기 단계 또는 생애주기 단계로 통용되며 사물(대상물, 목적물)의 기획, 설계, 제작, 사용 및 폐기처분 등의 일련의 수명 전 과정에서 각각의 단계를 의미한다. 일반적으로 건설 분야에서의 수명주기 단계는 시설 기획 단계(Planning Stage), 설계 단계(Design Stage), 시공 단계(Construction Stage), 사용 단계(유지 관리 단계, Running Stage) 및 폐기 처분 단계(Demolition Stage) 등 각각의 단계를 의미한다.
- LCC(Life Cycle Cost) : 수명주기비용(생애주기비용)으로 통용되며 사물(대상물, 목적물)의 기획, 설계, 제작, 사용 및 폐기처분 등 일련의 수명 전 과정 동안에 발생하는 모든 비용의 총합을 의미한다. 일반적으로 건설 분야에서 수명주기비용은 시설 기획비(Planning Cost), 설계비(Design Cost), 시공비(Construction Cost), 사용비(유지 관리비, Running Cost) 그리고 폐기 처분비(Demolition Cost) 등 총합을 의미한다.

시설물의 경우 일반적인 Life Cycle Cost를 수식으로 표시하면 다음과 같다.

LCC : Summation of Total Costs during LC

= ∑(Total Costs during LC)

= Planning Cost + Design Cost + Construction Cost + Running Cost + Demolition Cost

이러한 LCC의 개념을 그림으로 표현하면 다음의 그림 1 및 그림 2와 같다. 또한 그림 3은 건축물의 LCC 패턴의 일례이다.

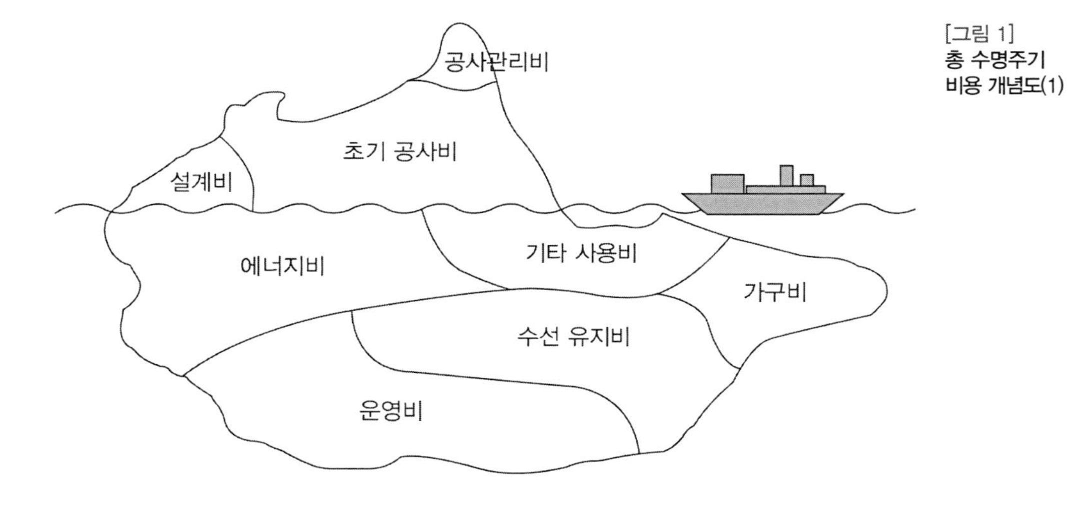

[그림 1]
총 수명주기 비용 개념도(1)

[그림 2]
총 수명주기 비용 개념도 (2)

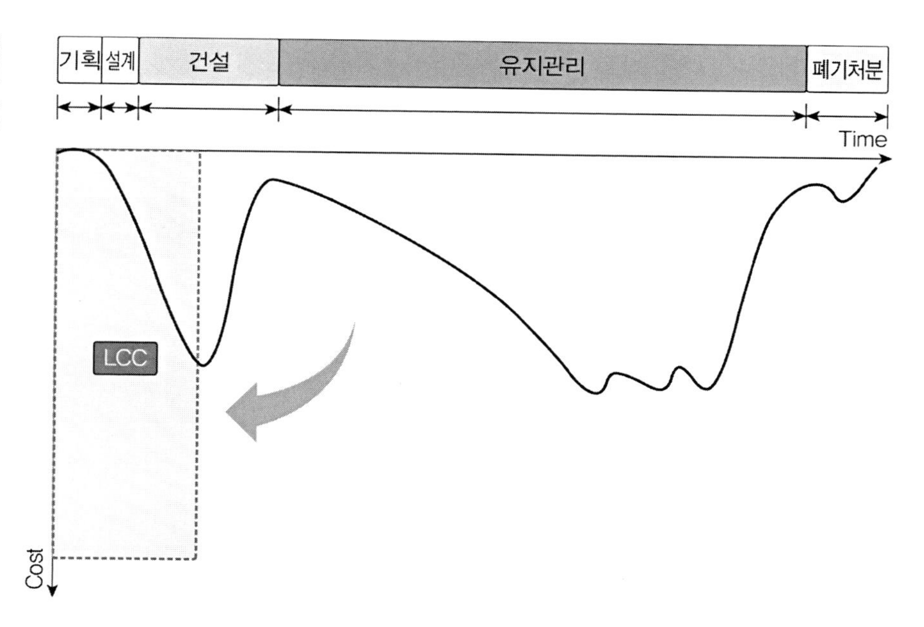

[그림 3]
건축물의 LCC 패턴의 예 (국내 15층 아파트 사례, 분석기간 : 50년)

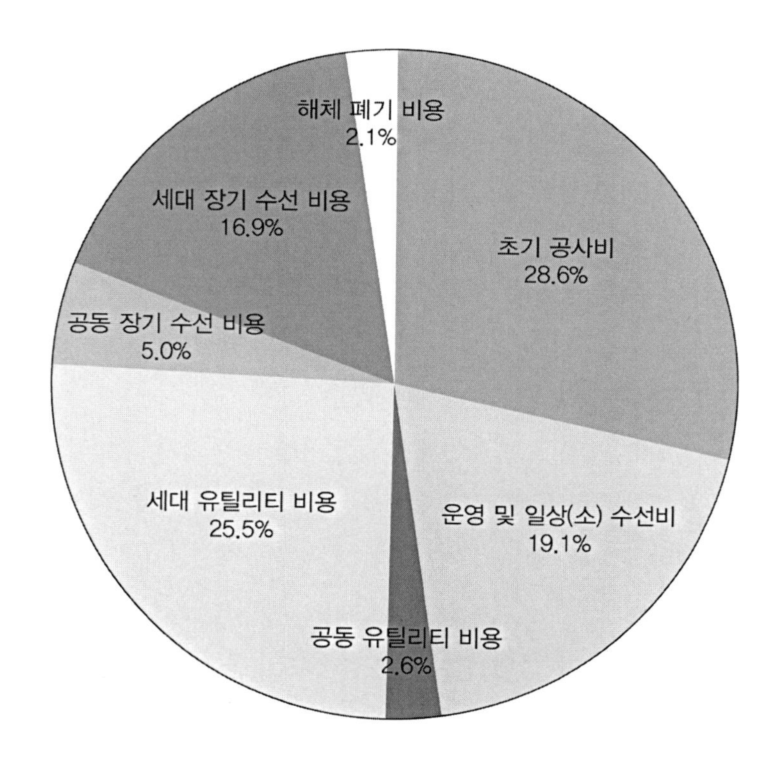

LCCing(Life Cycle Costing)는 수명주기비용 분석(생애주기비용 분석, LCC Analysis), 수명주기비용 평가(생애주기비용 평가, LCC Evaluation) 등으로 통용되며 사물(대상물, 목적물)의 기획, 설계, 제작, 사용 및 폐기처분 등 일련의 수명 전 과정 동안에 발생하는 모든 비용들을 추정(계산)하고 분석하는 과정을 의미한다. 일반적으로 건설 분야에서의 수명주기비용 분석은 시설 기획비, 설계비, 시공비, 사용비(유지 관리비), 그리고 폐기처분비 등을 추정(계산)하고 분석하는 과정을 의미한다. 따라서 수명주기비용분석 기법은 LCC를 기반으로 한 중요한 경제성 평가 기법이라고 말할 수 있다. 이러한 측면에서 Life Cycle Costing 기법은 시설물의 설계, 시공 단계뿐만 아니라 전체 사용기간 동안의 전략적 의사 결정을 위한 필수적 관리 수법 중 하나이다.

이와 같은 LCCing의 개념에 따라 LCCing 기법은 수명주기를 갖고 있는 어떠한 하드웨어 시스템(예 : 빌딩, 기계 등)이나 소프트웨어 시스템(예 : 컴퓨터 프로그램 등) 등에 두루 적용될 수 있다. 건설 분야의 경우 주로 하드웨어 시스템에 적용되는데 건축시설의 경우 빌딩 또는 빌딩의 각 부위/부품들, 토목시설의 경우 각종 토목구조물 또는 그들의 각 부위/부품들이 주요 대상이다. 또한 도시 관련 제반 시설이나 여러 기타 시설들 전체 및 그들의 세부 부위/부품들에도 모두 LCCing 기법이 적용될 수 있다.

건축 및 토목 시설물들은 일반적인 공업상품과 비교해보면 여러 가지의 큰 차이점이 존재한다. 그중 주요한 차이점 3가지를 열거하면 다음과 같다.

- 유일성 : 이 세상의 모든 시설물 중 똑같은 조건을 갖고 있는 시설물은 존재하지 않는다. 설령 크기, 외관 및 내부 설계가 완전히 동일하다고 하여도 시설물이 서 있는 위치가 같을 수는 없는 것이다. 그러므로 모든 시설물은 유일무이한 독특한 존재라고 할 수 있다. 이에 비해 대부분의 공업상품은

동일한 제품을 대량생산하는 것이 일반적이다.

- 다양한 자원의 결합 : 하나의 시설물이 완성되기 위해서는 설계와 시공의 과정이 필수적으로 요구되는데 이때 필요한 자원의 종류는 적게는 수백 가지에서 많게는 수만 가지에 이를 정도로 다양한 자원의 동원 및 결합이 필수적이다. 또한 시설물이 완성된 후 사용을 위해 필요한 유지 관리에서도 다양한 자원이 필요하다. 공업상품은 종류에 따라 어떤 경우에는 수많은 자원을 필요로 하는 것도 있으나 대부분의 경우 시설물에 비해 소수의 자원만 요구되는 것이 일반적이다.
- 매우 긴 생산기간과 사용기간 : 대부분의 공업상품에 비해 시설물은 생산기간이 길고 사용기간도 수십 년에서 수백 년에 이를 정도로 매우 긴 Life Cycle(수명주기 : LC) 상의 특징을 가지고 있다.

시설물들의 이와 같은 특징으로 인해(특히 수명주기가 매우 긴 특징), 건축물의 경우에는 물리적 수명 동안 건축물을 사용할 경우 유지 관리비가 초기건설비의 수배(3~5배)에 이르는 경우가 대부분이다. 그러므로 건축물에 관한 의사 결정 시 올바른 판단을 위해서는 LCC 기법을 활용하여 경제성을 분석하고 판단하는 것이 매우 중요하다.

1.2 VE와 LCC의 관계

VE는 Value Engineering의 약어로서 건설 분야에서는 주로 가치공학으로 통용된다. VE는 앞 절에서 살펴본 바와 같이 기능 분석과 LCC 분석을 바탕으로 창의적 아이디어 발상 과정과 대안 개발 과정을 통해 대안들의 가치(Value)를 분석하고 보다 가치가 높은 대안을 개발해가는 체계적 과정이다. 가치공학에서의 가치(V : Value)는 기능(F)과 비용(C)의 비율로 표현되며 그 식은 다음과 같다.

$$V = \frac{F}{C}$$

V : Value(가치)

F : Function(기능), 흔히 P(Performance, 성능)로 표현되기도 함

C : Cost(비용), LCC를 지칭

상기 식에서와 같이 VE에서의 가치(V : Value)는 기능(F)과 비용(C)의 비율로 표현되며 여기서의 비용(C)은 단순 설계비나 시공비와 같이 수명주기 단계의 특정비용이 아니라 수명주기 단계별 총비용의 합인 수명주기비용(생애주기비용)을 의미한다. 따라서 VE를 수행하기 위해서는 일련의 절차(VE Job Plan) 중에 기능 분석과 함께, LCC 분석이 필수적으로 동반되어야 합당한 VE 수행이 가능하다.

LCC 분석의 자체적 관점에서 사용 분야를 크게 나누면 다음과 같이 2분야로 구별할 수 있다. 첫째는 사물에 대한 LCC 분석을 통하여 수명주기 동안의 비용정보를 획득하고 이를 바탕으로 대상물에 대한 수명주기 동안의 각종 의사 결정 시 활용하는 분야이다. 특히 경제성과 관련된 의사 결정 시에는 LCC 개념의 적용이 필수적 요소이다.

둘째는 VE 수행 시 필수적인 기능 분석과 비용 분석에서, 비용 분석 부분에 적용되는 LCC 분석이다. 본 절에서의 LCC 분석은 이 부분에 초점을 맞추어 서술되었다.

chapter 02

수명주기비용(LCC) 분석의 방법 및 활용

2.1 LCC 분석의 절차 및 방법론

LCC 분석은 대상 시설 및 분석 목표 확인, LCC 구성 항목 조사, 분석을 위한 기본 가정, 구성 항목별 비용 산정, 전체 비용 종합 (LCC 예측), (위험도 분석), LCC 분석에 근거한 의사 결정, (자료 축적 및 피드백) 등의 순서로 수행되며 그 절차를 도식화하면 다음 그림 4와 같다. 또한 본 절차는 항상 아래로의 순방향으로만 진행되는 것이 아니라 언제라도 상황 변화(분석 목적의 변화, 설계 변경 등)가 발생하거나 자료의 추가나 손실 등이 생기면 환류 과정을 통해 해당부분으로 재진입하는 반복과정을 통해 수행되어야 한다.

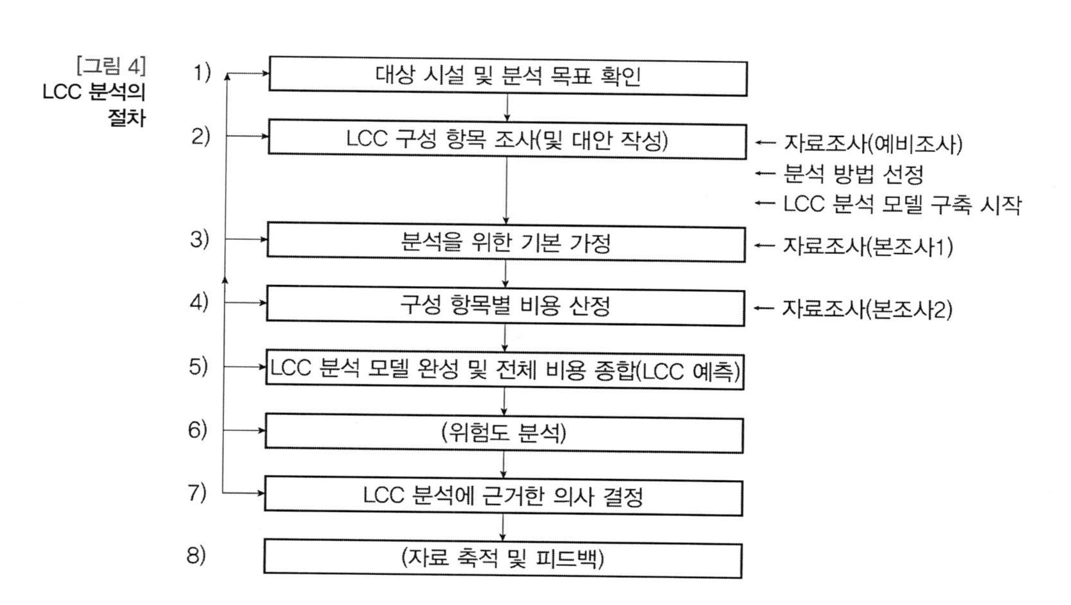

[그림 4] LCC 분석의 절차

2.1.1 대상 시설 및 분석 목표 확인

LCC 분석의 최초 단계는 대상 시설 및 분석 목표를 명확히 하는 일이다. 대상 시설은 건축시설, 토목시설, 도시 관련 시설 등 무엇이든지 될 수 있고, 이들 각 시설의 전체 또는 각 시설 내부의 부위/부품들도 별개의 LCC 분석 대상이 될 수 있다.

분석 목표는 분석의 필요 이유에 따라 정해져야 한다. 분석의 필요 이유에 대해 예를 들어 보면, 대안별 경제성 비교가 목적인가, 1개 대안에 대한 LCC 추정이 목적인가, 세밀한 분석이 필요한가, 약산식 정도의 추정이 필요한가 등 매우 다양할 수 있다. 또한 건설에 관련된 당사자들(발주자, 시공자, CMer, 감리자, 협력업체 등) 중에 누가 어느 편을 위해 작성하는지도 명확히 하여야 한다. 분석 목표는 이러한 사항들을 바탕으로 정리되어야 한다.

대상 시설 및 분석 목표 확인이 중요한 이유는 분석의 첫 단계이고, 이러한 분석 목표에 따라 이후의 LCC 분석 단계들의 작업 내용과 수준 그리고 데이터 수집의 범위와 깊이 등이 결정된다는 점이다.

2.1.2 LCC 구성 항목 조사(및 대안 작성)

LCC 분석 대상이 결정되면 이에 따라 대상 시설/부품의 LCC 구성 항목을 조사하고 최종 구성 항목을 결정하여야 한다. 기본적인 LCC 구성 항목은 시설물의 수명주기 단계별로 발생하는 기획비(Planning Cost), 설계비(Design Cost), 시공비(Construction Cost), 사용비(유지 관리비, Running Cost) 그리고 폐기처분비(Demolition Cost) 등이다. 그러나 시설물에 따라 용어를 달리 쓰는 경우도 있고, 이들 내부의 각 세부비용 항목이 달라지기도 하며, 비용 분류의 체계가 달라지기도 한다.

따라서 LCC 구성 항목을 결정하기 위해서는 관련 문헌과 실무자료의 축적 내용과 포맷 등의 자료를 수집하여 분석하여야 한다. 실무

자료의 축적 내용과 포맷 등이 중요한 이유는 많은 경우 원하는 자료는 표준화되어 있지 못하고 자료의 출처마다 내용과 포맷이 다른 경우가 많기에 이들 자료를 합당히 활용하기 위해서는 이들을 종합 분석 후 통합적 수용이 필요하기 때문이다.

일반적인 경우의 LCC 구성 항목의 예를 들면 다음의 표 1, 표 2, 그림 5와 같다. 표 1은 공동주택 LCC 구성 항목의 분류(예)이고, 표 2는 교량의 LCC 구성 항목의 분류(예)이며, 그림 5는 수처리시설 LCC 구성 항목의 분류(예)이다.

본 단계는 LCC 분석을 위한 대안 작성 과정도 포함 된다. 대안 작성에 대해서는 다음 사항 중 하나를 선택할 수 있다.

1) 정해진 대상 시설 하나에 대해서만 LCC 분석을 수행하는 경우

이 경우에는 최초의 설계안(기존안) 하나에 대해 LCC 분석을 하는 경우로 대상 시설 확인 단계에서 이미 정해진 경우가 많다. 이럴 경우에는 별도로 대안을 작성할 필요가 없다.

2) 정식 VE 수행을 통해 비교 분석 대안들이 이미 도출된 경우

이 경우에는 VE 수행을 통해 제시된 그 대안들을 바로 LCC 분석에도 그대로 적용하면 된다.

3) 정식 VE 수행과는 별도로 LCC 분석만을 수행하면서 대안 분석을 하고자 하는 경우

이 경우에는 VE 수행과는 별도로 LCC 분석용 대안들을 분석자(팀)이 스스로 개발하여야 한다. 물론 이 경우에도 VE에 대한 지식이 있는 경우 약식 VE 과정을 활용하여 LCC 분석용 대안 개발에 활용할 수 있다.

[표 1] Life Cycle Cost 구성 항목의 분류 예시(공동주택)

<table>
<tr><th colspan="2">구성 항목</th><th>내용</th></tr>
<tr><td colspan="2">Planning Costs(기획비)</td><td>• 계획비
• 타당성 조사비</td></tr>
<tr><td colspan="2">Design Costs(설계비)</td><td>• 건축설계비
• 기계, 전기, 통신, 토목, 조경 설계비</td></tr>
<tr><td colspan="2">Construction Costs(시공비)</td><td>• 직접공사비
• 간접공사비(현장 관리비, 산재보험료, 안전 관리비, 일반 관리비 등)</td></tr>
<tr><td>Running Costs (운영 관리비)</td><td>운영 및 일상(소) 수선비 (Operation & Minor Maintenance Costs)</td><td>• 일반 관리비
• 청소비
• 오물 수거비
• 소독비
• 소수선비(수선 유지비 : 소모품류)
• 승강기 유지비(점검, 보수)</td></tr>
<tr><td rowspan="3">Running Costs (운영 관리비)</td><td>유틸리티비 – 공동 유틸리티비 (Common Utility Costs)</td><td>• 공동수도료
• 공동난방비
• 공동온수비(급탕비)
• 공동하수료
• 공동전기료
• 공동난방 및 온수 전기료
• 승강기전기료</td></tr>
<tr><td>유틸리티비 – 세대별 유틸리티비 (Private Utility Costs)</td><td>• 세대전기료
• 세대수도 및 하수도료
• 세대가스료
• 세대오물수거료
• 세대난방 및 온수료</td></tr>
<tr><td>장기(주요) 수선비 (Long-Term Maintenance Costs)</td><td>(특별수선충당금)
• 건축공사
• 토목공사
• 조경공사
• 기계설비공사
• 전기설비공사
• 통신공사</td></tr>
<tr><td colspan="2">Remaining Value & Removal Costs (폐기처분비)</td><td>• 잔존가치(수익)
• 폐기처분비</td></tr>
</table>

[표 2] Life Cycle Cost 구성 항목의 분류 예시(교량)

Level 1 (비용 부담 주체별)	Level 2 (생애주기 단계별)	Level 3 (비용 항목별)	
관리 주체 비용	초기 투자 비용	계획 비용, 설계 비용, 시공 비용, 감리 비용	
관리 주체 비용	유지 관리 비용	일반 관리 비용	인건비, 일반경비, 시설비
관리 주체 비용	유지 관리 비용	보수·보강 비용	교량 형식별로 세분
관리 주체 비용	유지 관리 비용	교체 비용	교량 형식별로 세분
관리 주체 비용	유지 관리 비용	점검·진단 비용	정기점검 비용, 정밀점검 비용, 정밀안전진단 비용, 긴급진단비용
관리 주체 비용	해체·폐기 비용		
이용자 비용	유지 관리 비용	보수·보강 비용	교량 형식별로 세분
이용자 비용	유지 관리 비용	교체 비용	교량 형식별로 세분
이용자 비용	해체·폐기 비용		
지역 경제 손실 비용			

Level 4 (교량 형식별)	Level 5 (유지 관리 조치에 대한 구성 요소별)	
PSC 빔교	보수	교면포장, 바닥판, 주형, 교량받침, 신축이음, 하부구조
PSC 빔교	보강	바닥판, 주형, 하부구조
PSC 빔교	교체	교면포장, 주형, 교량받침, 신축이음
PSC 박스거더교	보수	교면포장, 바닥판, 주형(내외부), 교량받침, 신축이음, 하부구조
PSC 박스거더교	보강	바닥판, 주형, 하부구조
PSC 박스거더교	교체	교면포장, 주형, 교량받침, 신축이음
강박스거더교	보수	교면포장, 바닥판, 주형(도장 등), 교량받침, 신축이음, 하부구조
강박스거더교	보강	바닥판, 주형(도장 등), 하부구조
강박스거더교	교체	교면포장, 바닥판, 주형, 교량받침, 신축이음
강플레이트거더교	보수	교면포장, 바닥판, 주형(도장 등), 교량받침, 신축이음, 하부구조
강플레이트거더교	보강	바닥판, 주형(도장 등), 하부구조
강플레이트거더교	교체	교면포장, 바닥판, 주형, 교량받침, 신축이음
IPC 거더교	보수	교면포장, 바닥판, 주형, 교량받침, 신축이음, 하부구조
IPC 거더교	보강	바닥판, 주형, 하부구조
IPC 거더교	교체	교면포장, 주형, 교량받침, 신축이음
프리플랙스빔교	보수	교면포장, 바닥판, 주형, 교량받침, 신축이음, 하부구조
프리플랙스빔교	보강	바닥판, 주형, 하부구조
프리플랙스빔교	교체	교면포장, 주형, 교량받침, 신축이음
Double-T 빔교	보수	교면포장, 바닥판, 주형, 교량받침, 신축이음, 하부구조
Double-T 빔교	보강	바닥판, 주형, 하부구조
Double-T 빔교	교체	교면포장, 주형, 교량받침, 신축이음

[표 2] Life Cycle Cost 구성 항목의 분류 예시(교량)(계속)

Level 4 (교량 형식별)	Level 5 (유지 관리 조치에 대한 구성 요소별)	
RC 라멘교	보수	교면포장, 바닥판, 벽체
	보강	바닥판, 벽체
	교체	교면포장, 벽체
Wide Range PSC 빔교	보수	교면포장, 바닥판, 주형, 교량받침, 신축이음, 하부구조
	보강	바닥판, 주형, 하부구조
	교체	교면포장, 주형, 교량받침, 신축이음
RC 슬래브교	보수	교면포장, 바닥판, 교량받침, 신축이음, 하부구조
	보강	바닥판, 주형, 하부구조
	교체	교면포장, 교량받침, 신축이음

* 출처 : 한국도로공사, 2003

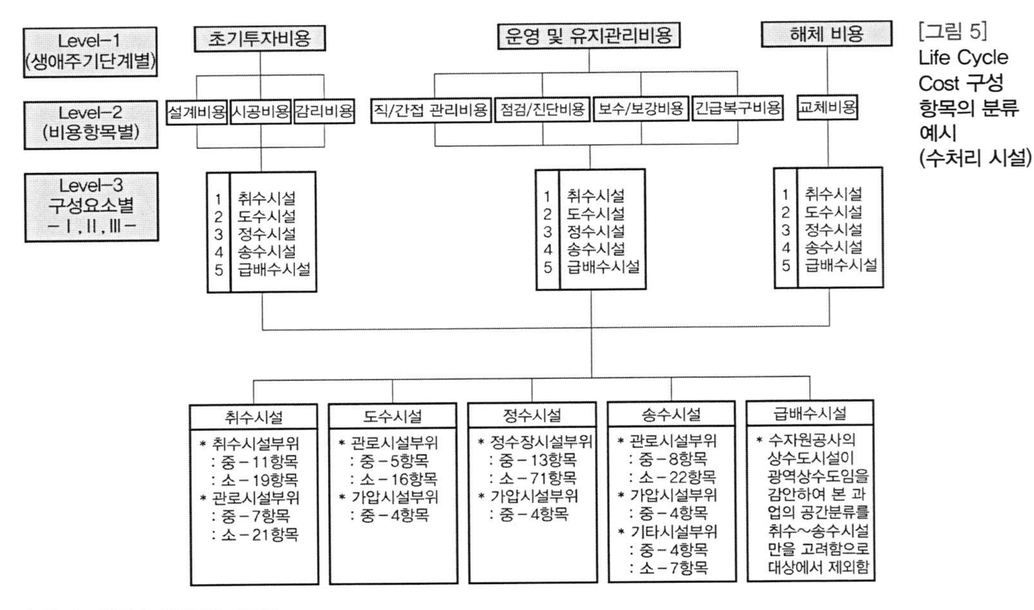

[그림 5] Life Cycle Cost 구성 항목의 분류 예시 (수처리 시설)

* 출처 : 한국수자원공사, 2003

2.1.3 분석을 위한 기본 가정

LCC 분석은 시설물의 과거자료를 기본으로 하여 미래의 예상 총 비용을 추정하고자 하는 것이다. 즉, LCC 프로젝트는 궁극적으로 미래를 대상으로 한다. 그러므로 분석을 위해서는 미래에 대한 기본적인 가정이 필수적으로 요구된다. 가장 대표적인 가정 사항은 분석 기간과 할인율이다.

1) 분석 기간

분석 기간은 LCC 분석 대상의 수명주기를 얼마동안으로 산정할 것인가에 대한 가정이다. LCC 분석 대상의 수명주기는 미래에 대한 것이므로 현 시점에서는 명확히 알 수 없기에 가정이 필요하고, 가정을 하되 실제와 유사한 가정이 요구되는 어려운 점이 있다. 이를 위해 일반적인 분석 기간의 가정은 다음의 표 4와 같은 대상 시설물/부품의 수명에 대한 고려를 기초로 가정하게 된다.

시설물의 수명(주기)은 내용연수와도 직결되어 있고 국내의 참고할 만한 내용연수 자료는 다음과 같은 사례들이 있다.

- 한국감정원 발행 : '유형고정자산 내용연수표'
- 조달청 고시 : '내용연수'
- 법인세법시행규칙 별표 : 자산별·업종별 '기준내용연수'

표에서와 같은 여러 수명 중에 실제적 수명은 이들 중에 가장 빨리 도래하는 것에 의해 결정된다. 일반적으로는 사회적 수명, 경제적 수명 등이 타 수명들에 비해 먼저 도래하는 경우가 많다. 따라서 분석 기간의 가정은 상기와 같은 여러 이론적 측면의 수명, 실제 수명/사용 자료 그리고 미래 기술의 발전 속도 등에 따른 영향 등을 종합적으로 고려하여 가정하여야 한다. 따라서 많은 자료를 분석하고 이를 바탕으로 예측하여야 하나, 그렇게 하더라도 분석 기간의 가정은 항상 어려운 문제이다.

[표 3] **시설물/부품의 각종 수명**

구분	세부 내용
물리적 수명 (Physical Life)	• 물리적인 노후화에 의해 결정된 수명 • 시설물이나 기자재가 완성된 후 장기간 사용이나 시간의 흐름에 따라 자연적 마모, 파손, 화학적 부식, 자연재해 등에 의한 손상, 설계 및 시공미비에 의한 노후 촉진 등 물리적 노후가 최대로 진행하여 구조물의 수명이 더 이상 수선이 불가능하여 사용할 수 없을 때까지의 경과한 시간을 의미한다.
기능적 수명 (Functional Life)	• 시설의 기능에 불합리한 점이 발생하여 시설물을 사용할 수 없는 경우의 수명 • 사회적·경제적 활동의 진전, 생활양식 변화, 환경시설물에 대한 안정성 요구 등에 따라 시설물이나 그 기자재가 이와 같은 변화에 대응하기 어렵게 되고 그 기능의 상대적 저하가 시설물로서의 편익이나 효용을 현저하게 손상시키기까지의 기간을 의미한다.
사회적 수명 (Social Life)	• 기술의 발달로 사용가치가 현저히 떨어지는 것에 의해 결정되는 수명 • 기능적 내용연수가 주로 시설 용량 부족, 기자재의 낙후 등 내부 요인에 의해 좌우된다면 사회적 내용 연수는 외부환경에 적응이 불가능하여 생기는 효용의 저하로 볼 수 있다.
경제적 수명 (Economic Life)	• 지가의 상승, 기술의 발달 등으로 인해 경제성이 현저히 떨어지는 것에 의해 결정되는 수명 • 경제적 내용연수는 건설비 및 건설자금에 대한 상황과 수익과의 관계로 산정되는 상환연수와 감가상각적인 입장에서 산정된 연수와의 균형에서 결정된 내용연수이다. 즉, 상하수도시설물에서 얻어지는 상하수도료 등의 수입과 유지 관리, 기타 경비 등을 비교 검토하여 수익이 없을 경우 경제적 내용연수에 도달하는 것으로 판단된다.
법적 수명 (Legal Life)	• 공공의 안전 등을 위해 법으로 정해진 수명 • 노후화와 원인에 의해 동일한 시설물에서도 그 수명은 다르게 되지만 법정 내용연수는 고정자산의 감가상각의 기본이 되는 것으로 법인세 등에서 일정한 내용연수를 규정하고 있다.

2) 할인율

LCC 분석에는 미래의 발생 비용에 대한 현금 흐름(Cash Flow)을 현재의 가치로 환산하는 과정이 필수적으로 포함되어야 한다. 화폐는 시간가치 즉 이자(또는 할인)가 있기에 같은 액면의 화폐라도 시점이 바뀌면 그 가치도 연동되어 바뀌게 된다. 이를 화폐의 시간가치 변화라 말하며, 화폐의 시점에 따른 시간가치의 환산공식은 그림 6에 종합 정리되어 있다. 그림에서는 환산공식의 결과만 표시하였으나, 그 유도과정은 수학의 순열이론을 이용하면 매우 쉽게 유도된다. (환산공식의 유도 과정에 대해서는 재정학 책들을 참고하면 된다.)

이들 환산공식을 이용하여 현금 흐름을 분석하는 것을 DCFA (Discounted Cash Flow Analysis, 할인현금흐름 분석)이라 칭한다.

그림의 환산/변화 공식들을 보면 모두 특정 시점의 화폐로부터 다른 시점의 화폐로의 변화 시 이자/할인을 고려한 금액을 알고자 하는 것이다. 여기에 필요한 정보들은 특정 시점의 화폐의 금액, 할인율 (i), 그리고 기간(n)이다. 특정 시점의 화폐의 금액은 사용자가 알고 있는 사항이고, 기간(n)은 대상 현금 흐름이 발생하는 동안의 환산 시 필요한 기간이다. 기간은 연, 월 등의 단위로 필요에 따라 정할 수 있다. 즉, 월단위로 기간을 설정하고자 한다면 월 할인율은 연 할인율의 1/12을 적용하면 된다.

[그림 6] **시점에 따른 화폐의 시간가치 변화**(Transformation of Money from One Time Period to Another)

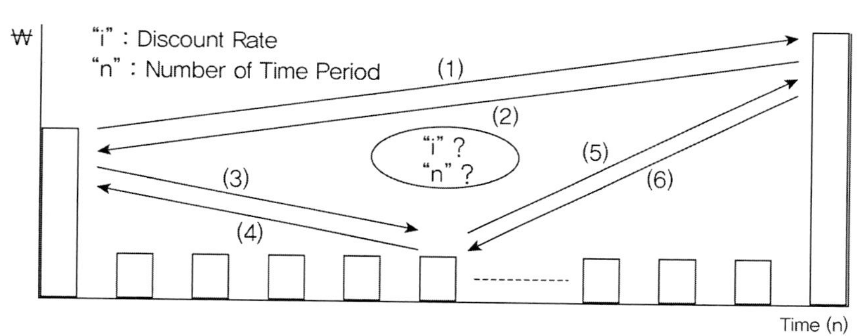

(1) : $(1+i)^n$	(1) $FV = PB*(1+i)^n$	Single Compound Amount (SCA) Factor
	(2) $PV = FV*1/(1+i)^n$	Single Present Worth (SPW) Factor
(3) : $i(1+i)^n/\{(1+i)^n-1\}$	(3) $UV = PV*i(1+i)^n/\{(1+i)^n-1\}$	Uniform Capital Recovery (UCR) Factor
	(4) $PV = UV*\{(1+i)^n-1\}/i(1+i)^n$	Uniform Present Worth (UPW) Factor
(5) : $\{(1+i)^n-1\}/i$	(5) $FV = UV*\{(1+i)^n-1\}/i$	Uniform Compound Amount (UCA) Factor
	(6) $UV = FV*i/\{(1+i)^n-1\}$	Uniform Sinking Fund (USF) Factor

주) PV(Present Value) : 현재가치(비용), FV(Future Value) : 미래가치(비용)/미래 발생비용, UV(Uniform Value) : 매년 발생비용/연가, i(interest rate) : 할인율, n(number) : 비용발생 시기/기간

다음은 할인율을 정해야 하는데, LCC 분석에서 필요로 하는 할인율은 미래의 할인율이고 미래의 할인율은 아무도 알 수 없다. 알 수 없다고 해서 정하지 않으면 환산공식들을 이용해서 미래 현금 흐름을 현재의 가치로 환산할 수 없게 된다. 따라서 할인율도 가정할 수

밖에 없다. 할인율은 결국 금리와 직결되어 있기 때문에 할인율 가정을 위해서는 장기간에 걸친 다음 사항 등이 기초적으로 조사되어야 한다.

- 기준금리
- 지표금리
- (장기) 국채 금리

상기 자료들이 장기간에 걸쳐 조사되어야 하는 것은 기본이나 그렇다고 해서 이들이 미래에 그대로 적용되는 것도 아니기에 이를 바탕으로 미래에 대한 추정/예측 과정이 필요하다. 이러한 과정은 할인율 전문가들의 영역이기에 할인율의 단순 이용자들에게는 필요이상의 과정이고 비현실적일 수 있다. 따라서 현실적으로는 과거의 10~30년치 자료들을 평균하여 적용한다든가, 할인율 전문가들의 향후 예측치를 차용하여 적용해볼 수 있다. 이와 같이 이 분야 역시 정답이 없는 분야이므로 가정은 필요하되 가정이 매우 어려운 점이 상존한다. 이러한 문제로 인하여 정부나 지자체 관련 업무에 할인율이 관련되는 경우는 정부나 지자체가 공통으로 사용하는 할인율을 제시하고 이를 적용하는 것이 일반적이다.

할인율은 하나만 존재하는 것도 아니고 사용처에 따라 여러 가지의 할인율이 적용되고, 이를 국가/정부 및 민간분야로 나누어 정리하면 다음과 같다.

- 국가/정부 분야 관련 할인율
  - 공정할인율/재할인율 : 중앙은행/한국은행이 시중은행이 보유한 어음을 할인해줄 때 적용하는 할인율/금리
  - 사회적 할인율 : 공공사업/공공분야의 경제적 타당성 평가(경제성 평가)에 적용하는 할인율

– 재무적 할인율 : 공공사업/공공분야의 재무적 타당성 평가(재무성 평가)에 적용하는 할인율

• 민간 분야 관련 할인율

– 민간할인율 : 민간사업/민간 분야에 적용하는 할인율로 민간자본시장에서 형성된 시장이자율(market rate of interest)을 중심으로 결정되는 할인율이다. 순순 민간 분야는 경제성 평가보다는 재무성 평가가 위주이기에 주로 가중평균자본비용 방법이 적용되기에 기업별, 개인별, 프로젝트별, 시점별로 할인율이 모두 다른 것이 일반적이다.

특정 현금 흐름에 대하여 할인율을 적용하여 할인현금흐름 분석을 수행할 때, 인플레이션 효과를 고려하게 되면 할인현금흐름 분석은 더욱 복잡하게 된다. 할인현금흐름 분석은 현금 흐름을 바탕으로 하고, 미래의 현금 흐름은 필수적으로 인플레이션이나 디플레이션을 동반하게 된다. 따라서 할인현금흐름 분석 시에는 이러한 인플레이션이나 디플레이션에 따른 효과를 반영하여야 한다.

결론부터 말하면 현금 흐름이 명목/공칭/시장 현금 흐름(Nominal/Market Cash Flow)이면 할인율도 명목/공칭/시장 할인율(Nominal/Market Discount Rate)을 사용해야 되고, 현금 흐름이 불변/고정/실질(Constant/Real Cash Flow)이면 할인율도 불변/고정/실질(Constant/Real Discount Rate)을 사용해야 한다.

여기서 명목 현금 흐름은 현금 흐름에 인플레이션이나 디플레이션 효과가 반영된 현금 흐름이고, 명목/공칭/시장 할인율도 할인율에 인플레이션이나 디플레이션 효과가 반영된 할인율이다. 반면에 실질 현금 흐름은 현금 흐름에 인플레이션이나 디플레이션 효과가 반영되지 않은 현금 흐름이고, 실질 할인율도 할인율에 인플레이션이나 디플레이션 효과가 반영되지 않은 할인율이다.

즉, 할인율에는 공칭할인율(Nominal Discount Rate)과 실질할인율(Real Discount Rate)이 있다. 공칭할인율은 인플레이션 효과가

고려된 할인율이고, 실질할인율은 인플레이션 효과가 제거된 할인율이다. 그러므로 DCFA(할인현금흐름 분석) 시에는 현금 흐름의 인플레이션이나 디플레이션에 따른 효과 반영여부에 따라 그에 합당한 할인율을 적용하여야 한다.

공칭할인율과 실질할인율의 관계는 다음과 같다.

Nominal (Market) Discount Rate [i_n]

=Constant(Real : Inflation-Free) Discount Rate [i_r] * Inflation [f]

즉, $(1+i_n)=(1+i_r)*(1+f)$

따라서 $i_r = \frac{(1+i_n)}{(1+f)} - 1$

예) i_n =14%(0.14), f =7%(0.07)이라면

i_r =6.542%(0.06542) [Not 14−7=7%]

다음의 표 4는 약 10년 동안의 가상의 금리와 소비자물가지수를 적용한 실질할인율 산정의 예이다.

[표 4] **실질할인율 산정의 예**

연도	금리(예)	소비자 물가지수 (*005=100)	물가 상승률	실질 할인율
*001	7.49%	88.3		
*002	6.50%	90.8	2.8%	3.6%
*003	6.17%	93.9	3.4%	2.7%
*004	5.92%	97.3	3.6%	2.2%
*005	5.65%	100.0	2.8%	2.8%
*006	6.08%	102.2	2.2%	3.8%
*007	6.60%	104.8	2.5%	4.0%
*008	7.17%	109.7	4.7%	2.4%
*009	5.65%	112.8	2.8%	2.7%
*010	5.56%	116.1	2.9%	2.6%
*011	5.06%	119.1	2.6%	2.4%
평균(*002~*011)	6.04%		3.0%	2.9%

2.1.4 구성 항목별 비용 산정

다음 단계는 LCC 구성 항목별로 비용을 산정하는 작업이다. 이들 비용은 모두 미래의 LCC 구성 항목별 발생 비용에 대한 예측이다. 이를 위해서는 과거의 유사한 대상 시설들에 대한 실측자료가 매우 중요하게 사용된다. 그러므로 자료 수집을 통해 필요한 자료를 수집하고, 이들 중 해당 LCC 분석에 이용될 수 있는 자료를 엄선하여 구성 항목별 비용 산정에 사용하여야 한다.

LCC 분석 모델은 기본적으로 더하기(플러스) 모델이다. 즉, 대상 시설물의 LCC 구성 항목의 각 비용들을 추정하여 더하는 것이다. 따라서 LCC 결과의 신뢰성은 전적으로 LCC 구성 항목의 각 비용들의 추정치에 대한 신뢰도와 일치하게 된다. LCC 구성 항목의 각 비용들의 추정치에 대한 신뢰도를 높이기 위해서는 다음의 사항들이 수반되어야 한다.

1) 자료 수집 계획

과거의 자료가 전적으로 미래를 대변하는 것은 절대로 아니다. 그러나 과거의 자료가 전혀 없는 상태에서 미래비용을 예측하는 것은 더욱 비현실적인 것이다. 따라서 과거 자료는 그 자체로 매우 중요하고 이들을 바탕으로 합당한 미래변화를 고려한 예측값 추정이 현실적인 대안이다. 따라서 과거자료는 분석만 제대로 할 수 있다면 많을수록 유용하게 활용할 수 있다.

제한된 공간과 시간의 조건에서 효율적으로 자료를 조사하기 위해서는 자료 수집 계획이 선행되어야 한다. 자료 수집 계획에는 다음의 사항들이 포함되어야 한다.

- 수집자
- 수집 기간

• 자료 출처 확인
• 필요 자료의 유무 확인
• 수집 방법 및 필요 자료의 양
• 자료 분석 방법 및 활용 방안

2) 예비 자료 수집 및 계획 조정

자료 수집 계획에 따라 자료를 수집해보면 계획대로 문제없이 진행되는 것보다는 그렇지 않은 것이 일반적이다. 예를 들어 필요 자료 중에 일부는 존재하고 일부는 없기도 하고, 자료가 있다 해도 조사기관 별로 내용이 달라 표준화하여 사용할 수 없는 경우도 있다. 따라서 예비 자료 수집 과정을 통해 실질적으로 입수 가능하고 분석 가능한 자료를 수집할 수 있는 방향으로 계획이 수정되고 조정될 필요가 있다.

3) 본 자료 수집

예비 자료 수집 결과에 근거해 수정되고 조정된 자료 수집 계획을 바탕으로 본 조사를 수행하는 단계이다. 가장 많은 시간과 노력이 필요한 단계이다. 물론 본 자료 수집 단계에서도 현행의 자료 수집에 중대한 문제가 발견되면 즉시 수집을 정지하고, 예비 자료 수집 시와 같은 계획 수정 및 조정을 통한 후 다시 본 자료 수집에 임해야 한다.

4) 자료 취사선택

자료 수집이 완성 단계에 이르면 완벽한 자료도 있지만 흠결이 많은 자료도 많다는 것을 알게 된다. 이때가 자료의 취사선택을 결정해야 될 단계이다. 취사선택 시에는 절대로 주관적 기준으로 정해서는 안 되고 객관적 취사선택 기준을 설정하여 철저히 그 기준에 의거 취사선택 및 부분 선택 등을 결정하여야 한다.

5) 자료 정리

취사선택 기준에 따라 선택된 자료들을 사용가능한 자료로 분리하여 정리하는 단계이다.

6) 자료 분석

정리된 자료를 대상으로 각종 분석을 수행하는 단계이다. 자료 분석에는 통계적 기법들(기술통계, 추리통계 등)이 주로 적용되고, 많은 경우, 평균, 표준편차, 추세, 변수별 상호관계 등의 분석이 수반된다.

7) 예측 모델 개발

분석된 결과를 바탕으로 비용 추정 모델을 개발하는 단계이다. 즉, 분석 자료를 바탕으로 주로 추리 통계 모델 등을 이용하여 미래 비용 예측에 적용될 수 있는 추정 모델을 개발한다. 대표적 모델로는 회귀 모형, 시계열 모형 등이 있다. 이 경우 과거 자료만으로는 미래 비용 추정에 문제가 있을 수 있고, 이를 해결하기 위해서는 필요시 합당한 미래 변화에 대한 가정을 고려한 예측값 추정이 현실적인 대안이 될 수 있다. 물론 이러한 가정은 후에 위험 분석 분야에서 재분석되어야 한다.

8) 모델 검증

모든 통계 모델에는 그 모델이 성립되는 기본 가정사항이 존재한다. 따라서 사용하려는 예측 모델이 이러한 기본 가정사항에 위배되는 것이 없는지를 검증해야 한다. 또한 이론적 논리와는 별개로 예측 모델이 현실적 예측력이 있는지 등에 대해 실무 전문가들의 의견과 견해를 수렴하여 모델의 사용성 정도를 검증해볼 수도 있다.

2.1.5 LCC 분석 모델 완성 및 전체 비용 종합(LCC 예측)

구성 항목별 비용 산정이 완료되면 이들 비용을 종합할 분석 모델을 완성해야 한다. 대개의 경우 분석 모델은 스프레드시트 프로그램(엑셀 등)을 이용하여 개발하면 쉽고 효율적으로 분석할 수 있다. 분석 모델은 구성 항목별로 산정된 비용들을 현금 흐름으로 종합하고 이러한 현금 흐름을 앞에서 설명한 할인현금흐름 분석을 이용하여 현재가치화하는 방법으로 구성된다.

이렇게 분석 모델을 이용하여 구성 항목별 모든 비용을 종합함으로써 총비용(LCC)을 구할 수 있다. 총비용(LCC)에는 할인현금흐름 분석 적용상의 할인율 선택에 따라 2가지 종류가 있으며 이들의 계산법과 활용처는 다음과 같다.

1) 불변 총비용(불변값 LCC)

① 계산법

- DCFA 적용 시 할인율을 '0'(할인율 비적용)으로 설정하고 계산한 LCC 값이다.
- 화폐의 시간가치 개념이 적용되지 않은 채로 계산된 LCC 값이다.
- LCC 구성 항목별 비용들을 할인율 적용 없이 단순히 더한(+) LCC 값이다.

② 활용처

- 할인이 적용되지 않았기에, 이는 1개 대안에 대한 구성 항목별 비용들 간의 단순 상호 비교목적으로 사용된다.
- 여러 대안간 경제성 비교 목적으로 사용되어서는 안 된다.

2) 할인 총비용(할인값 LCC)

① 계산법

- DCFA 적용 시 합당한 할인율 가정을 적용하여 계산한 LCC 값이다.

• 화폐의 시간가치 개념이 적용되어 계산된 LCC 값이다.
• LCC 구성 항목별 비용들을 가정된 할인율을 적용하여 계산한 LCC 값이다.
• LCC 구성 항목별 비용들을 현가로 환산하여 더한(+) LCC 값이다.

② 활용처

• 현실에서 적용되는 할인율이 적용되었기에 이는 현가에 기초한 의사 결정 목적에 사용될 수 있다.
• 여러 대안 간 경제성 비교 목적으로 사용될 수 있다.

2.1.6 위험도 분석

단순 연구 목적의 LCC 분석에서는 기존의 시설물을 대상으로 그 시설에 대한 과거자료를 수집하여 현재까지의 총 LCC를 추정하는 것이 필요한 경우도 있다. 그러나 대부분의 LCC 프로젝트에서는 미래 계획한 시설의 여러 대안들에 대한 LCC 분석을 통하여 다른 기능이 유사하다면 경제성 측면에서 어느 대안이 최적안 인지를 평가하고자 하고자 하는 것이 주목적이다. 이 경우 LCC 분석은 주로 미래 비용에 대한 추정이기에 과거 비용처럼 명확한 답이 없는 상황이다. 이와 같이 LCC 추정에는 LCC 비용 구성 항목에 대한 여러 미래 예상 비용의 추정이 수반되고, 이들 미래 예상 비용은 많은 자료를 근거로 추정하였다 하더라도 유일한 정답은 될 수 없는 것이다.

또한 앞에서 살펴본 주요 가정사항이었던 분석 기간과 할인율도 미래에 대한 정답이 없기에 가정에 기반을 두어 설정하였다. 물론 가정의 현실성을 높이기 위해 앞에서 검토한 일련의 방법들을 동원하였으나 미래에 대한 하나의 예측값일 뿐 유일한 정답은 될 수 없는 것이다.

이와 같이 LCC 추정에 관련된 분석 기간과 할인율을 포함한 일체의 비용구성 항목들의 비용값이 모두 추정값이다 보니 이들 모든 변수들이 위험도가 매우 높은 상황이다. 따라서 이들 위험변수를 바탕으로 추정된 최종결과인 LCC 값의 신뢰성 또한 상당한 위험에 노출되는 결과를 야기하게 된다.

이러한 LCC 자체의 태생적인 문제를 완화하기 위해서는 이들 위험변수들에 대한 위험분석을 통하여 LCC 추정값의 유동 범위를 제시함으로써 상당부분 해소할 수 있다. 이 상황에 적용될 수 있는 위험분석법은 민감도 분석법과 확률분석법이다.

민감도 분석법은 LCC 추정에 관여되는 특정 위험변수가 원래의 추정치에서 ±(상하) 5%, ±10%, ±15%, ±20% 등으로 변동 시를 가정하고, 그때마다의 LCC 추정값의 변화추이를 구하여 도식화하는 기법이다. 이렇게 함으로써 위험변수별 LCC 값에 대한 영향의 강도 및 순위도 알 수 있고, 그때마다의 LCC값의 변화도 추정할 수가 있다. 민감도 분석법의 장점은 단순 명쾌하면 쉽게 적용해볼 수 있다는 점이다. 그러나 이 방법의 단점은 1개 위험변수의 변화에 따른 LCC 추정값의 변화추이를 추적하는 데는 용이하나, 2개 위험변수 이상이 동시에 변화할 때 LCC 추정값의 변화추이에 대한 종합적인 분석이 거의 제한적이라는 것이다. 그러나 현실에 있어서는 특정 위험변수 하나만 변하고 나머지 변수들은 고정되어 있는 것이 아니라, 모든 위험변수가 동시에 변화하는 상황이기에 본 방법은 1개 위험변수 관점에서의 분석이라는 제약이 따른다.

이와 같은 민감도 분석법의 단점을 극복할 수 있는 방법이 확률분석법이다. 확률분석법은 여러 위험변수가 동시에 변화할 때, 결과값인 LCC값의 변화를 추적할 수 있는 방법이다. 확률분석법에는 수리적 방법과 몬테카를로 시뮬레이션(MCS) 방법이 있다. 수리적 방법은 고도의 수학적 논리와 그 복잡성으로 인해 잘 사용되지 않고 대신 몬테카를로 시뮬레이션(MCS) 기법이 주로 사용된다. MCS 기법은 여러 위험변수들의 위험에 대한 확률분포를 기초로 이들이 무작위로 변화 시 결과값인 LCC 값의 변화를 실험적, 즉 시뮬레이션적 방법으로 추적할 수 있는 기법이다. 이러한 시뮬레이션은 컴퓨터 프로그램을 통해 난수를 발생시켜 수백 회에서 수천 회까지도 빠른 속도로 처리할 수 있기에 널리 활용되고 있다. 이와 같이 MCS 기법의 장점은 위험변수들을 동시에 변화시키면서 그에 따른 LCC 값의 변화를 추적할 수 있고, 이와 같은 모의실험을 컴퓨터를 이용해 수천 회까지 쉽게 시도해볼 수 있고, 결과값인 LCC 값의 변화를 정규분포로 제시해준다는 점이다. 정규분포로의 제시는 특정 추정값에 대한 확률범위를 제시해주기에 LCC에 근거한 의사 결정에 획기적 전기를 부여하였다. 그러나 이러한 분석을 수행하기 위해서는 위험변수들의 변화에 대한 분포자료가 준비되어야 한다. LCC 분석을 위한 자료가 부족한 현실에서 한발 더 나아가 위험변수들의 변화에 대한 분포자료를 준비한다는 것은 더욱 어려운 일이다.

상기와 같이 LCC 분석에 위험분석법으로 많이 사용되는 민감도 분석법과 확률분석법은 그 장단점이 매우 분명하다. 따라서 수집된 자료의 양과 수준, 요구되는 분석의 정밀도 수준, LCC 분석 발주자의 요구상황 등을 종합하여 고려하여 선택하여야 한다.

2.1.7 LCC 분석에 근거한 의사 결정

상기의 단계를 제대로 수행하게 되면 LCC 예측값과 위험변수들의 위험도에 따른 LCC 예측값의 변화추이에 대한 상당 수준의 정보를 알 수 있다. 이를 바탕으로 경제성 측면의 최적대안 선정이라는 의사 결정을 할 수 있다. 즉, LCC가 구해지면 이를 기초로 경제성 평가를 할 수 있고, 경제성 평가를 바탕으로 최종 의사 결정을 하게 된다.

여러 대안들의 가치지수(V=F/C) 계산결과, F가 동일하다면 C, 즉 LCC가 최소인 대안이 가치지수(V)가 높아 경제적 대안이 될 것이고, F와 C가 서로 다른 대안들 사이의 비교이면 이들의 비율인 V값이 가장 큰 대안이 최고가치 차원에서 최적 대안이 될 것이다.

2.1.8 자료 축적 및 피드백(Feedback)

최종 단계는 자료 축적 및 피드백(Feedback)의 단계이다. 경제성 분석에 기초한 대안 선정과 의사 결정이 내려지고 이후 이와 관련된 실무가 계속 진행되면 자연히 선정안과 관련된 자료들이 발생하게 된다. 이때 발생되는 자료들을 축적하고 분석해두지 않으면 향후 유사한 LCC 분석이 필요할 때, 또다시 자료의 부족으로 난관에 부딪칠 수 있다. 이때를 대비하여 발생되는 자료들을 계속해서 축적하고 주기적으로 분석해두면 향후 유사한 LCC 분석 시, 매우 실제적이고 수준 높은 자료가 요긴하게 피드백되어 활용될 수 있다.

또한 실무가 진행되어감에 따라 LCC 분석 시의 예상과 실제 자료가 다르게 나타날 수도 있다. 이 경우에는 과거의 분석 자료와 발생되는 실제 자료를 비교하고, 문제점을 찾아내고, 가능한 경우 의사결정을 조정/수정해나가는 단계이기도 하다. 즉, 실적 자료를 축적하고 피드백 하지 않으면 과거 잘못된 분석에 의한 의사 결정의 실수를 수정하거나 줄일 수 있는 가능성을 잃게 되는 것이다.

이러한 차원에서 LCC 분석 이후의 실적자료가 축적되고, 분석되고, 그 결과가 유용하게 피드백 될 수 있는 체계적인 시스템이 구축되면 LCC 분석에 근거한 경제성 분석의 수준을 한층 높일 수 있다.

2.1.9 VE 수행상의 약식 비교용 LCC 분석법

상기의 절차를 따라서 LCC를 분석하는 것이 정통적 방법이고, 이러한 절차를 잘 적용할수록 LCC 분석의 신뢰성 및 그 활용 범위도 다양하게 확장될 수 있다. 그러나 VE 수행 시, 단순히 대안들의 비교 목적만으로 가치지수(V=F/C)를 구하기 위해 LCC 값을 필요로 하거나, 시간 관계상 정통적 LCC 분석기법을 적용할 수 없을 때에는 약식 비교용 LCC 분석법을 적용할 수도 있다.

약식 LCC 분석법은 여러 대안들을 비교한 후에 이들 대안들의

LCC 구성 항목을 조사하고 구성 항목 중에 비용차이가 무의미할 것으로 예상되는 항목들의 비용을 대안들에서 모두 제거하고, 비용차이가 유의미할 것으로 예상되는 항목들의 비용에 대해서만 자료조사를 하여 LCC 분석을 수행하는 방법이다.

예를 들어 일반적인 LCC 분석의 경우 총비용은 다음과 같이 계산한다.

(총) LCC = 기획비 + 설계비 + 시공비 + 유지 관리비 + 폐기 처분비

그러나 VE 수행결과 최종 대안이 3개(A, B, C)로 압축되어 3개 대안에 대해서만 가치지수(V=F/C)를 구하기 위해 LCC 값을 필요로 하고, 3개 대안 모두 LCC 구성 항목 중에 기획비, 설계비 그리고 폐기처분비가 서로 별 차이가 없어 비용차이가 무의미할 것으로 예상되는 상황이라고 가정해보자. 이 경우 약식 비교용 LCC 분석법을 적용해볼 수 있고, 이때의 각 대안별 LCC는 다음과 같다. 따라서 이들 약식 비교용 LCC를 이용하여 가치지수(V)를 구하고, 최적대안 선정에 활용할 수 있다.

약식 비교용 LCC-A = 시공비 + 유지 관리비
약식 비교용 LCC-B = 시공비 + 유지 관리비
약식 비교용 LCC-C = 시공비 + 유지 관리비

그러나 이 경우 주의가 필요하다. V값 계산에서 (총) LCC로 계산한 경우와 약식 비교용 LCC로 계산한 경우에 같은 대안이라도 V 값 계산에 차이가 발생하여 가치지수에 영향을 준다는 것이다. 즉, 약식 비교용 LCC를 적용할 경우, (총) LCC를 적용하는 경우보다 LCC 값의 차이가 크게 반영되기에 대안별 가치지수(V) 차이도 전체적으로 크게 표현된다. 그러나 어느 계산법을 사용하더라도 가치지수(V)의

순위에는 차이가 없게 된다.

V값 계산에서 (총) LCC로 계산하는 경우와 약식 비교용 LCC로 계산하는 경우의 장단점을 정리하면 다음과 같다.

1) (총) LCC로 계산하는 경우

- 장점 : LCC 값의 대표성이 상대적으로 높고, 활용범위도 다양하게 확장될 수 있다.
- 단점 : 자료조사와 분석에 더 많은 노력이 요구된다.

2) 약식 비교용 LCC로 계산하는 경우

- 장점 : 자료 조사와 분석에 상대적으로 적은 노력이 요구된다.
- 단점 : LCC 값의 대표성이 상대적으로 낮고, 활용 범위도 대안 비교 목적용으로 제한적이다.

2.2 LCC 분석법의 분류

LCC 분석 방법은 여러 가지로 분류할 수 있다. 우선 LCC 값의 표현법에 따라 분류하면 현재가치법과 연등가법으로 구분할 수 있다. 어떤 방법이든 기본적으로 앞에서 언급한 할인현금흐름 분석을 바탕으로 하고 있다.

2.2.1 현가법/현재가치법(Present Value Method)

현재가치법은 다른 말로 현가법 또는 총액법으로도 불리는 것으로, 예측되는 현재와 미래 현금 흐름상의 모든 비용을 현재가치로 환산하여 표현하는 방법이다. 즉, 현재와 미래의 모든 예상 비용 지출을 현시점을 기준으로 총비용을 계산하는 방법이다.

초기비용은 이미 현재가치로 표시되어 있을 수 있다. 운영 및 유지보수비용은 최초 사용 조건을 기준으로 통상 매년 같은 지출 비용으로 추정할 수 있다. 그러나 정밀 분석목적이고, 매년 지출비용을 현실과 유사하게 다르게 추정할 수 있는 근거 자료가 있으면 매년 다른 지출 비용으로 추정할 수도 있다. 유지보수비용 중에 수년 주기로 발생되는 대형 지출은 당연히 미래의 비반복비용으로 별도로 고려되어야 한다. 폐기처분비 역시 미래의 비반복비용으로 별도로 고려되어야 한다.

할인현금흐름 분석을 위한 필수 가정사항인 분석 기간과 할인율은 앞에서 설명한 방법에 따라 가정하고, 가정에 대한 위험분석은 추가 분석으로 수행하면 된다. 이와 같은 현재가치법에 적용되는 산정식을 비용 발생 특성 별로 초기 투자비, 비반복 비용, 반복 비용 등으로 구분하여 현재가치화하는 방법을 요약하면 다음의 표 5와 같다.

[표 5] **현재가치법에 적용되는 산정식**

구분	현재가치 산정식	비고	
초기 투자비	–	현재 시점에서 초기투자가 이루어지는 경우 이미 현재가치로 표시되어 있기 때문에 환산할 필요가 없음	
비 반복 비용 : n년 후에 1회만 발생하는 비용	$PV= FV \times \frac{1}{(1+i)^n}$	PV	현재 가치 비용
		FV	미래 발생 비용
		i	할인율
반복 비용 : 매년 동일하게 반복하여 발생하는 비용	$PV= \frac{(1+i)^n-1}{i(1+i)^n} \times UV$	n	비용 발생 시기
		UV	매년 발생 비용

다음 단계는 최종 현재가치를 구하는 단계이다. 최종 현가를 구하기 위해서는 상기와 같이 비용 발생 특성에 따라 3부류로 나뉘어 구해진 현가를 모두 더하면 된다.

2.2.2 연가법/연등가법(Equivalent Uniform Annual Cost)

연등가법은 다른 말로 연가법으로도 불리는 것으로, 예측되는 현재와 미래 현금 흐름상의 모든 비용을 매년 일정하게 발생하는 연등가의 가치로 환산하여 표현하는 방법이다. 즉, 현재와 미래의 모든 예상 비용 지출을 분석 기간 동안의 매년 일정하게 발생하는 연등가로 총비용을 계산하는 방법이다. 연등가법은 LCC 값을 표현하는 또 다른 방법이다.

연가법 역시 분석의 바탕은 할인현금흐름 분석을 근거로 하고 있으며, 연등가를 계산하는 방식은 다음과 같이 2가지 방법이 있다.

1) 현가법을 이용하여 연등가화하는 방법

현가법을 이용하여 구해진 현가에 대해 화폐의 시간가치 변화표에서 다시 Uniform Capital Recovery(UCR) Factor를 적용하여 총 현가를 분석 기간 동안의 연등가로 환산하는 방법이다. 현가법에서 구한 결과를 이용하여 추가 계산을 한번 더 수행함으로 해서 쉽게 연등가를 구할 수 있다. 이와 같은 연등가법의 산정식은 다음 표 6과 같다.

[표 6] **연등가법에 적용되는 산정식(1) (현가법을 이용하여 연등가화하는 방법)**

구분	연등가 산정식	비고	
현가법으로 구한 현가를 연등가로 환산	$UV = PV \times \dfrac{i \times (1+i)^n}{(1+i)^n - 1}$	UV	연등가 비용
		PV	현재 가치 비용
		n	비용 발생 총 기간
		i	할인율

2) 비용 발생 특성별로 연가화한 후 총합하는 방법

LCC 구성 항목들의 비용 발생은 현금 흐름표에 표시되는데, 이들은 발생 특성에 따라 다음과 같이 3부류로 나눌 수 있다. 초기 1회 발생 비용, 매년 일정하게 발생하는 반복비용, 미래 특정 시점에 발생하는 비반복비용 등이다. 이들 각각을 연가화하는 방법은 다음과 같다.

- 초기 투자비의 연가화 : 이러한 비용은 화폐의 시간가치 변화표에서 Uniform Capital Recovery (UCR) Factor를 적용하여 초기 현가를 분석 기간 동안의 연등가로 환산한다.
- 매년 일정하게 발생하는 반복비용의 연가화 : 이러한 비용은 이미 연가화되어 있는 비용이기에 추가로 연가화 과정이 필요하지 않기에 그대로 연가로 사용할 수 있다.
- 미래 특정 시점에 발생하는 비반복비용의 연가화 : 이러한 비용을 연가화하기 위해서는 각각의 비반복비용에 대해 2단계의 과정을 거쳐야 한다. 첫 단계는 미래 비반복비용을 현가화하는 단계이고, 둘째 단계는 현가화된 비용을 다시 연가화하는 단계이다. 첫 단계인 미래 비반복비용을 현가화하는 단계는 화폐의 시간가치 변화표에서 Single Present Worth(SPW) Factor를 적용하여 현가로 환산한다. 둘째 단계인 현가화된 비용을 다시 연가화하는 단계는 앞에서와 같이 Uniform Capital Recovery(UCR) Factor를 적용하여 환산된 현가를 분석 기간 동안의 연등가로 재환산한다. 여기서도 할인현금흐름 분석을 위한 필수 가정사항인 분석 기간과 할인율은 앞에서 설명한 방법에 따라 가정하고, 가정에 대한 위험분석은 추가 분석으로 수행하면 된다.

이와 같은 연등가법에 적용되는 산정식을 비용 발생 특성 별로 초기 투자비, 비 반복 비용, 반복 비용 등으로 구분하여 연등가화하는 방법을 요약하면 다음의 표 7과 같다.

[표 7] **연등가법에 적용되는 산정식(2) (비용 발생 특성 별로 연가화한 후 총합하는 방법)**

구분	연등가 산정식	비고	
초기 투자비	$UV = PV \times \frac{i \times (1+i)^n}{(1+i)^n - 1}$.	UV	연등가비용
		PV	현재가치비용
		n	비용발생총기간
		i	할인율
비 반복 비용 : n년 후에 1회만 발생하는 비용	$UV = \frac{i \times (1+i)^n}{(1+i)^n - 1} \times \frac{FV}{(1+i)^n}$	UV	연등가비용
		FV	미래 발생 비용
		n	비용 발생 총 기간
		i	할인율
반복 비용 : 매년 동일하게 반복하여 발생하는 비용	–	이미 연가화되어 있는 비용이기에 추가로 연가화 과정이 필요하지 않음	

다음 단계는 최종 연가를 구하는 단계이다. 최종 연가를 구하기 위해서는 상기와 같이 비용 발생 특성에 따라 3부류로 나뉘어 구해진 연가를 모두 더하면 된다. 연가화하는 상기 2방안을 고찰해보면 현가법을 이용하여 연등가화하는 방법이 비용 발생 특성별로 연가화한 후 총합하는 방법보다 간편한 것으로 인식되고 있다.

앞에서 LCC 분석법의 분류 중에서, LCC 값의 표현법에 따라 분류한 현재가치법과 연등가법에 대하여 살펴보았다. 같은 대안의 현금흐름에 대해 2방법은 각각의 LCC 값의 표현 방법은 다르나 대안의 우선순위는 같은 순서로 표현된다. 상기 2방법의 장단점을 살펴보면 다음과 같다.

2.2.3 현가법/현재가치법의 장단점

1) 장점

- 계산 논리가 LCC 분석에 충실하다.
- 계산과정이 상대적으로 간편하다.
- 각 대안별 전체 금액의 차이 값을 강조할 때 유리하다.

2) 단점

- 분석 기간이 다양한 대안들의 비교 시 분석 기간들의 공배수를 이용하여 분석할 경우 계산과정이 길어진다.

2.2.4 연가법/연등가법의 장단점

1) 장점

- 분석기간이 유사하거나, 공배수로 쉽게 통일되는 대안들의 비교 시에는 계산과정이 현가법에 비해 한 단계를 더 거쳐야 하는 번거로움이 있다.
- 각 대안별 연간 표준적 사용비용을 강조할 때 유리하다.

2) 단점

분석 기간이 다양한 대안들의 비교 시 분석 기간들의 공배수를 이용하여 분석할 경우 계산과정이 길어진다.

따라서 2방법 중에 어떤 방법을 선택하여 분석할지에 관해서는 다음 사항들을 고려하여 선택하면 된다. 상기의 장단점 비교, 분석자의 선호(분석자가 익숙한 방법), LCC 프로젝트 발주자의 요구 등등. 그러나 2방법의 장단점이 있고, 스프레드시트 프로그램에서 쉽게 계산될 수 있기에 LCC 분석 결과를 2방법 모두로 표현해주면 결국 정보의 양이 더 증가하기에 추천할 만하다.

나아가 LCC 분석 방법은 총비용 추정 모델링 방법에 따라 확정적 모델링 방법과 확률적 모델링 방법으로 구분할 수 있다. 이러한 구분은 LCC 구성 항목의 각 비용들의 위험을 어떻게 다룰 것인가 하는 문제와 직결 된다(LCC 구성 항목의 각 비용들의 위험도에 대해서는 앞에서 언급한 바 있다). 즉, LCC 구성 항목의 각 비용들의 위험도를 다루는 방법에 따라 전체 비용 종합을 위한 모델링법(Modelling Approach)은 다음과 같이 구별될 수 있다.

2.2.5 확정적 모델링 방법(Deterministic Modelling)

- 구성 항목별 비용들의 위험성/변화성을 고려 안하고 단순히 평균값들을 더하는(+) 방법이다.
- 최종 LCC 값은 단일 비용으로 표현된다.
- 비용항목들의 위험성에 대한 고려는 민감도분석을 통해 보완하게 된다.
- 장점은 확률적 모델링 방법에 비해 계산법이 간단하다.
- 단점은 단일값으로 표현되기에 비용의 대표성(Representativeness)이 부족하고, 정보의 양이 적다.

2.2.6 확률적 모델링 방법(Probabilistic Modelling)

- 구성 항목별 비용들의 위험성/변화성을 고려하여 더하는(+) 방법이다.
- 최종 LCC 값은 확률분포(정규분포)로 표현된다.
- 결과가 정규분포로 표현되기에 추가적인 민감도분석 등이 불필요하다.
- 장점은 결과가 정규분포로 표현되기에 비용의 대표성(Representativeness)이 강하고 정보의 양이 많다.
- 단점은 여러 위험변수들의 위험에 대한 확률분포가 자료조사를 통해 미리 조사되고 분석되어야 한다. 현행 실적자료의 수준을 고려할 때 쉽지 않은 일이다.

2.3 LCC 분석의 예

2.3.1 LCC 분석의 예 (1)(공기 조화 설비 시스템)

본 절은 공기 조화 설비 시스템에 대한 LCC 분석의 일례를 들고자 한다. 예제의 목적상, LCC 분석의 핵심사항 위주로 간략히 압축하여 설명하고자 한다.

1) 대상 시설 및 분석 목표 확인

- 대상 시설 : 중동 K시 M건축물에 사용되는 공기조화 설비 시스템
- 분석목표 : 동일 성능을 발휘하는 공기조화 설비 시스템 대안들 중에서 경제적 대안 선택

상기의 내용으로 볼 때 LCC 분석을 통하여 경제적 대안을 선택하는 것이 합당할 것으로 판단한다.

2) LCC 구성 항목 조사(및 대안 작성)

- LCC 구성 항목 조사 : 상기 설비 시스템에 대한 자료조사(예비조사)를 통해 LCC 구성 항목을 조사한다. 구성 항목을 매우 세분화하여 조사할 수도 있으나, 여기서는 예제 목적상 간략화하여 다음과 같이 3분야로 구성한다.

–Capital Cost($)

–Annual Operation & Maintenance Costs($)

–Demolition Costs & Salvage Value($)

- 대안 작성 : 동일 성능을 발휘할 수 있는 공기조화 설비 시스템들로 3대안(A, B, C)을 개발하였고, 3개의 설비 시스템들에 대한 사양 등은 생략한다.

3) 분석을 위한 기본가정

본 조사(1)을 수행하여 다음과 같이 추정하였다.

- 분석 기간 : 해당 설비 시스템들의 수명자료를 수집하고 분석하여 각 시스템의 수명주기를 System A(10년), System B(12년), System C(20년)으로 추정한다. 따라서 대안 비교용 공통 분석 기간은 60년으로 정한다.
- 할인율 : 해당 국가 및 지역의 과거 10년간의 공칭 이자율과 전문가들의 의견을 종합하여 14%로 추정한다. 같은 방법으로 인플레이션은 7%로 추정한다.

4) 구성 항목별 비용 산정

본 조사(2)를 수행하여 3대안(A, B, C)의 공기조화 설비 시스템들에 대한 LCC 구성 항목별 비용 산정을 수행하였다. 본 구성 항목별 비용 산정 결과 및 상기에서 조사된 분석 기간, 할인율/이자율, 및 인플레이션 등에 대한 자료를 종합하여 정리하면 다음의 표 8과 같다.

[표 8] LCC 분석 대상 공기 조화 설비 시스템(A, B, C)에 대한 자료 조사 내용 종합

	System A	System B	System C
Capital Coast($)	1,000,000	1,200,000	2,000,000
Life of Equipment(Years)	10	12	20
Annual Operation & Maintenance Costs($)	200,000	180,000	160,000
Salvage Value($)	50,000	70,000	100,000

Study Period(Investment Period)	60Years		
Nominal Interest Rate	14%		
Inflation Rate	7%		

5) LCC 분석 모델 완성 및 전체 비용 종합(LCC 예측)

분석 모델은 확정적 모델링 방법을 사용하고, 전체 비용 종합은 예제 목적상 불변 총비용(불변값 LCC)와 할인 총비용(할인값 LCC)을 모두 계산하고자 한다.

- LCC 분석 모델 완성 : 스프레드시트 프로그램 중 엑셀을 이용하여 LCC 분석 모델을 완성하였다. 분석 모델에 앞에서의 자료 조사 내용을 입력하여 현금 흐름표를 완성하고 분석을 실시하였다. 분석에 적용한 실질 할인율은 공칭할인율과 인플레이션을 고려하여 다음과 같이 환산하였다.

  Calculation of Real Discount Rate : $\{(1+0.14)/(1+0.07)\}-1=6.5\%$

  상기 실질 할인율(6.5%)을 적용하고, 본 예제에서 필요로 하는 연도/기간별 할인율 계수들을 종합해보면 다음의 표 9와 같다.

[표 9] **예제용 연도/기간별 할인율 계수들**

Present Worth Factor					
n	$1/(1+0.065)^n$	n	$1/(1+0.065)^n$	n	$1/(1+0.065)^n$
10	0.533	12	0.470	20	0.284
20	0.284	24	0.221	40	0.081
30	0.151	36	0.104		
40	0.081	48	0.049		
50	0.043				
Tot	1.091	Tot	0.843	Tot	0.364

Uniform Present Worth Factor	
n	$((1+0.065)^n-1)/(0.065*(1+0.065)^n)$
60	15.033

• 전체 비용 종합(LCC 예측) : 상기와 같은 과정을 거쳐 최종적으로 LCC 예측이 수행되었다. 불변 총비용(불변값 LCC)과 할인 총비용(할인값 LCC)을 모두 계산하였고, 불변값 LCC는 다음의 표 10, 할인값 LCC는 다음의 표 11과 같이 요약되었다.

[표 10] **예제의 LCC 예측 결과(불변값 LCC)**

LCC Item	System A	System B	System C
Capital Cost($)	1,000,000	1,200,000	2,000,000
Replacement Costs & Salvage Value($)			
System A (at Year 10, 20, 30, 40, 50) (1,000,000 − 50,000)*5 =	4,750,000		
System B (at Year 12, 24, 36, 48) (1,200,000 − 70,000)*4 =		4,520,000	
System C (at Year 20, 40) (2,000,000 − 100,000)*2 =			3,800,000
Operation & Maintenance Costs($)			
System A (60 Year) (200,000)*60 =	12,000,000		
System B (60 Year) (180,000)*60 =		10,800,000	
System C (60 Year) (160,000)*60 =			9,600,000
Tota(LCC) : Constant LCC	17,750,000	16,520,000	15,400,000

[표 11] **예제의 LCC 예측 결과(할인값 LCC)**

LCC Item	System A	System B	System C
Capital Cost($)	1,000,000	1,200,000	2,000,000
Replacement Costs & Salvage Value($)			
System A (at Year 10, 20, 30, 40, 50) (1,000,000－50,000) *(0.533＋0.284＋0.151＋0.081＋0.043)＝	1,036,450		
System B (at Year 12, 24, 36, 48) (1,200,000－70,000) *(0.470＋0.221＋0.104＋0.049)＝		952,590	
System C (at Year 20, 40) (2,000,000－100,000) *(0.284＋0.081)＝			691,600
Operation & Maintenance Costs($)			
System A (60 Year) 200,000*15.033＝	3,006,600		
System B (60 Year) 180,000*15.033＝		2,705,940	
System C (60 Year) 160,000*15.033＝			2,405,280
Tota(LCC) : Constant LCC	5,043,050	4,858,530	5,096,880

6) (위험도 분석)

이 부분은 생략한다.

7) LCC 분석에 근거한 의사 결정

상기의 과정을 통해 계산한 결과 중에서 의사 결정자들에게 가장 중요한 정보는 3개의 대안들에 대한 다음의 정보들일 것이다.

- Capital Cost($)
- 불변값 LCC(Constant LCC＝총불변비용)
- 할인값 LCC(Discounted LCC＝총현가)

따라서 대안별 이들 정보를 별도로 정리하였고 그 결과는 표 12와 같다.

[표 12] **대안별 의사 결정 핵심 정보 정리**

Cost Category	System A	System B	System C	
Capital Cost ($)	1,000,000	1,200,000	2,000,000	*
LCC				
Constant LCC = 총불변비용	17,750,000	16,520,000	15,400,000	
Discounted LCC = 총현가	5,043,050	4,858,530	5,096,880	**

상기의 표로부터 다음과 같은 결론을 내릴 수 있다. LCC 측면에서는 할인율을 고려한 할인값 LCC를 근거로 경제성을 판단하여야 한다. 3대안(A, B, C)의 공기조화 설비 시스템들이 모두 성능은 유사(유의미한 차이가 없다)하다는 전제하에,

- System A는 Capital Cost($) 측면에서는 가장 저렴하나 LCC 측면에서는 System B와 System C의 중간 수준이다.
- System B는 Capital Cost($) 측면에서는 중간 수준이나 LCC 측면에서는 가장 경제적이다.
- System C는 Capital Cost($) 측면에서도 가장 불리하고 LCC 측면에서도 가장 경제적이지 못하다.

따라서 최종 의사 결정자는 상기의 정보를 참고로 하여 자신에게 합당한 대안을 선정하고 관련된 의사 결정을 내릴 수 있다.

8) (자료 축적 및 피드백)

본 부분도 생략한다.

2.3.2 LCC 분석의 예 (2)(Access Floor)

본 절은 ACCESS FLOOR 선정에 대한 VE/LCC 분석의 예를 살펴보고자 한다. 예제의 목적상, VE 수행과정은 결과만 약식으로 처리

하였으며, LCC 분석도 핵심사항 위주로 결과만 표와 그림을 이용하여 압축하여 설명하고자 한다.

[그림 7]
대안 선정 및 LCC 분석

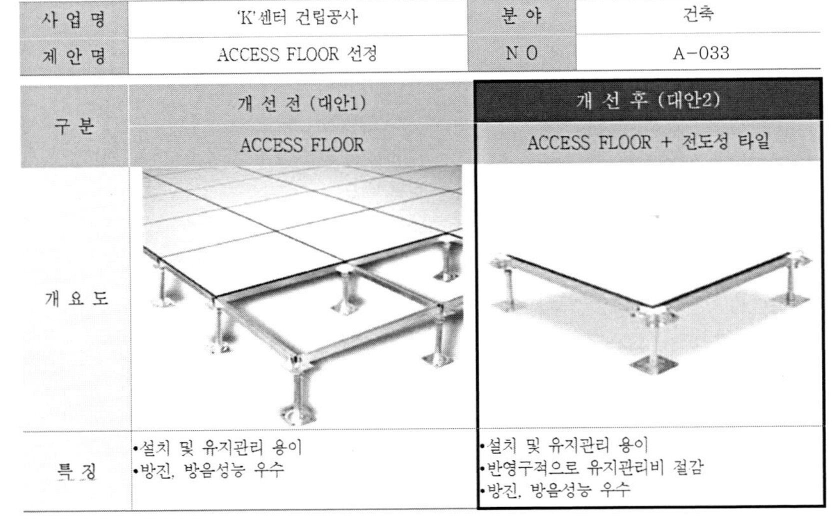

사 업 명	'K'센터 건립공사	분 야	건축
제 안 명	ACCESS FLOOR 선정	N O	A-033

구 분	개 선 전 (대안1)	개 선 후 (대안2)
	ACCESS FLOOR	ACCESS FLOOR + 전도성 타일
개 요 도		
특 징	•설치 및 유지관리 용이 •방진, 방음성능 우수	•설치 및 유지관리 용이 •반영구적으로 유지관리비 절감 •방진, 방음성능 우수

대안별 LCC 분석 결과

구 분	개 선 전	개 선 후
초기공사비	188,569,000 원	245,793,000 원
유지보수비	137,892,010 원	72,088,878 원
합 계	326,461,010 원	317,881,878 원
증 감 율	-	-2.63 %

대안별 LCC 분석

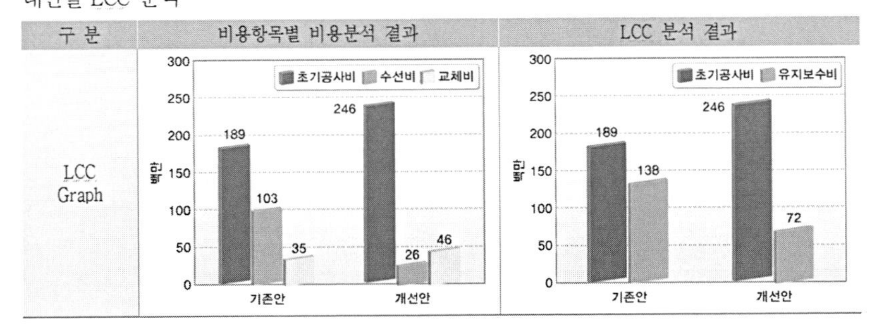

구 분	비용항목별 비용분석 결과	LCC 분석 결과
LCC Graph		

[그림 8]
대안별 유지보수비 분석 및 성능 평가 내용

대안별 유지보수비 누적 비용 분석

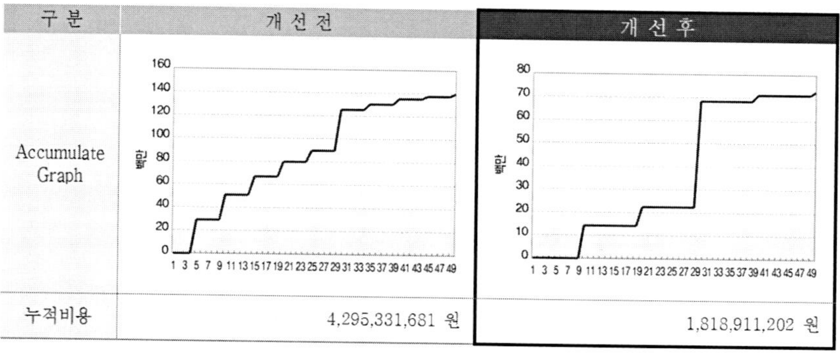

구 분	개 선 전	개 선 후
Accumulate Graph		
누적비용	4,295,331,681 원	1,818,911,202 원

대안별 유지보수비 민감도 분석

구 간	할인율	유지보수비	Sensitivity Graph
(-3) 할인율	2.75%	2,624,090,306 원	
(-2) 할인율	3.75%	1,855,161,065 원	
(-1) 할인율	4.75%	1,326,855,288 원	
기준 할인율	5.75%	960,270,001 원	
(+1) 할인율	6.75%	703,343,835 원	
(+2) 할인율	7.75%	521,440,860 원	
(+3) 할인율	8.75%	391,326,964 원	

성능평가 항목별 내용 정의

평가항목	평가항목별 내용 정의
경제성	•초기투자비, 유지보수비, 해체폐기비 등 시설물의 총 생애 주기 동안 투입되는 비용의 정도
시공성	•시공에 대한 용이정도로서 공사기간 및 작업의 난이도 등을 평가할 수 있는 성능척도
관리성	•시설물 관리자 측면에서 시설물에 대해 초기성능을 유지시키기 위한 용이 정도
내구성	•시설물 사용시 사용기간 및 환경변화에 관계없이 초기성능을 유지할 수 있는 정도
미관성	•건축물에 포함된 부지 및 외관 등이 주위 환경과의 조화 등을 평가할 수 있는 성능
환경성	•시설물의 마감재 선택 시 자재에 대한 친환경적 성능정도
보수성	•건축물의 사용 시 발생하는 시설물의 파손, 손상 등에 대한 유지보수가 용이한 정도
활용성	•가설재 및 마감자재 등의 건설 폐기물에 대한 활용방안 정도

[그림 9]
대안별 VE 성능 평가 가중치 및 성능점수 분석

성능평가 가중치 분석

평가항목	경제성	시공성	관리성	내구성	미관성	환경성	보수성	활용성
경제성	1.00	1.00	2.00	1.00	2.00	0.50	1.00	1.00
시공성		1.00	0.50	1.00	1.00	0.50	1.00	1.00
관리성			1.00	1.00	1.00	1.00	1.00	1.00
내구성				1.00	1.00	1.00	1.00	1.00
미관성					1.00	1.00	0.50	2.00
환경성		λmax	8.34			1.00	1.00	1.00
보수성		C.R	0.03	OK			1.00	1.00
활용성		C.I	0.05	OK				1.00

평가항목별 성능점수 분석

평가항목	가중치	개 선 전		개 선 후	
		등급	점수	등급	점수
경제성	14%	7	9.49	6	8.13
시공성	10%	5	5.23	7	7.32
관리성	12%	6	7.46	8	9.94
내구성	12%	6	7.46	8	9.94
미관성	11%	7	7.98	8	9.12
환경성	15%	6	8.87	7	10.35
보수성	14%	7	9.49	7	9.49
활용성	11%	6	6.84	6	6.84

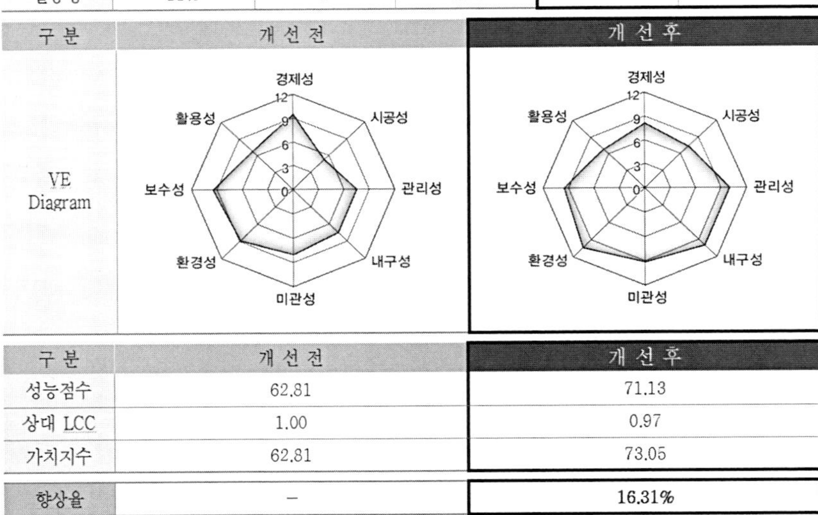

구 분	개 선 전	개 선 후
성능점수	62.81	71.13
상대 LCC	1.00	0.97
가치지수	62.81	73.05
향상율	–	**16.31%**

[그림 10]
대안별 VE/LCC 분석 결과 종합

구 분	개 선 전 (대안1)	개 선 후 (대안2)
	ACCESS FLOOR	ACCESS FLOOR + 전도성 타일
개 요 도	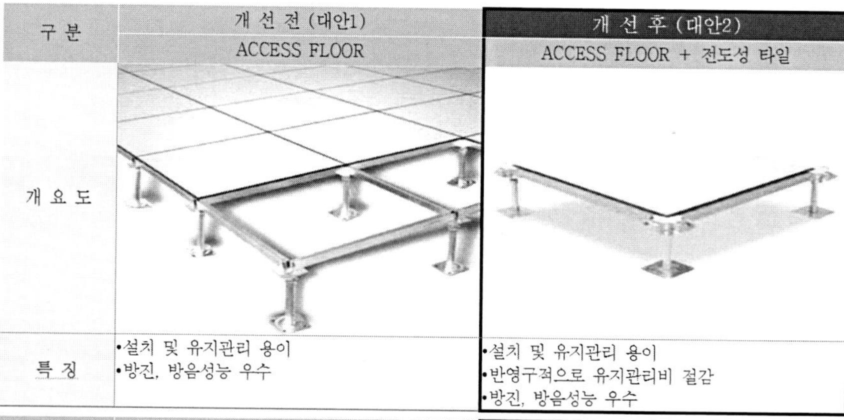	
특 징	•설치 및 유지관리 용이 •방진, 방음성능 우수	•설치 및 유지관리 용이 •반영구적으로 유지관리비 절감 •방진, 방음성능 우수

구 분	개 선 전	개 선 후
초기공사비	188,569,000 원	245,793,000 원
유지보수비	137,892,010 원	72,088,878 원
합 계	326,461,010 원	317,881,878 원
증 감 율	–	**−2.63 %**

평가항목	개 선 전		개 선 후	
	등급	점수	등급	점수
경제성	7	9.49	6	8.13
시공성	5	5.23	7	7.32
관리성	6	7.46	8	9.94
내구성	6	7.46	8	9.94
환경성	7	7.98	8	9.12
안전성	6	8.87	7	10.35
계획성	7	9.49	7	9.49
접근성	6	6.84	6	6.84

구 분	개 선 전	개 선 후
성능점수	62.81	71.13
상대 LCC	1.00	0.97
가치지수	62.81	73.05
향상율	–	**16.31%**

▌대안별 VE/LCC 분석 결과 종합

•ACCESS FLOOR 취부 선정 LCC 분석 결과 개선이 이루어진 후에 금액이 약 2.63% 절감됨.
•ACCESS FLOOR 취부 선정 VE 분석 결과 개선이 이루어진 후에 성능이 약 16.31% 향상됨.

2.4 LCC 분석의 제약 사항

LCCing 이론의 합리성과 설득력에도 불구하고 LCC 기법의 적극적 활용에 호응하지 못하는 제약 사항/저해요소/문제점들이 존재한다. 이들 문제점을 분류하면 크게 자료(Data)에 관한 문제점, 위험/불확실성(Risk/Uncertainty)에 관한 문제점, 그리고 비계량 요소의 계량화(Quantification)에 관한 문제점 등으로 나눌 수 있다.

2.4.1 자료(Data)에 관한 문제점

특정 시설물에 대한 LCC 분석을 하고자 하는 경우에 반드시 필요한 것이 유사 시설물에 관한 과거 실적자료이다. 그러나 유사 시설물에 대한 과거 실적자료가 제대로 완전히 보존되어 있는 경우는 흔치 않다. 설사 실적자료가 어느 정도 존재하는 경우에도 통상적으로 다음과 같은 문제를 안고 있다.

- 자료의 불충분/불완전성(Incompleteness) : 특정 기간 동안의 자료가 일부만 존재하고 완벽하게 처음부터 끝까지 존재하지 않는 경우가 대부분이다.
- 자료의 불비교성(Incomparableness) : 유사 시설물의 자료가 존재해도 위치, 사용 정도, 수선 유지 정도 등의 차이 때문에 자료 간의 비교가 용이하지 않다.
- 자료의 비신뢰성(Unreliability) : 유사 시설물의 자료가 존재해도 시설 소유주의 정책, 요식행위, 감세목적 등의 이유로 자료의 신뢰성이 문제가 되는 경우가 많다.

2.4.2 위험/불확실성(Risk/Uncertainty)에 관한 문제점

LCC 분석은 정의 자체가 미래를 다루는 일이고 미래는 항상 불확실하고 결국 추측에 의존할 뿐이다. 시설물 LCCing에서 특히 불확실성(Uncertainty)과 위험(Risk)요소가 많은 부분은 주로 시공 후의 비용항목들이다. 예를 들면 운영관리비, 에너지 및 전기수도료, 교체 및 수선비, 폐기처분비 등이다. 이들 비용에 영향을 미치는 요소는 시설물 및 부품들의 사용 수명, 필요 수선의 정도, 물가 상승률 및 할인율의 선택, 세금 및 보험관계 등이다.

특히 장기 수선비 추정의 경우 대부분의 장기 수선 항목들은 수선 시작 시기, 수선 주기, 수선율 등에 의하여 특징지어지는데 이들은 모두 수많은 불확정 요인(Risk and Uncertainty)들에 의해 영향을 받는다. 그러나 대부분의 기존 모델들은 이러한 불확정 요인에 대한 충분한 고려 없이 과거 데이터를 확정적 방식으로 사용하고 있다. 그러므로 확정적 방식에 의한 장기수선비 예측은 현실성이 매우 취약한 단점이 있으며 이에 근거한 LCC 역시 취약점을 내포하고 있다.

2.4.3 비계량 요소의 계량화(Quantification)에 관한 문제점

LCC 분석은 경제성 측면에서 계량 가능한 모든 비용요소를 파악하여 분석하는 방법이다. 그러나 종합적 의사 결정을 위해서는 미적 요소, 안전 요소, 환경 관련 요소 등도 계량화하여 의사 결정에 반영하는 것이 필요하다. 그러나 이 분야는 필요한 분야이지만 계량화의 객관성 확보가 명쾌히 해결되지 못해 아직 문제분야로 남아 있다.

이러한 차원에서 시설물에 대한 중요한 의사 결정 지원 수단인 LCCing 기법의 실무적 활용을 더욱 촉진하기 위해서는, 위에서 언급된 시설물 LCCing에서의 근본적인 문제점들에 대한 개선책 연구가 지속적으로 추진되어야 한다.

2.5 LCC 분석 기법의 활용 및 중요성

LCCing 기법은 건설 분야에서 매우 다양하게 이용되고 있다. 주요한 활용 분야를 요약하면 다음과 같다.

1) VE 수행을 위한 LCC 분석의 적용(LCC Application for Performing VE)

VE에서의 가치(V : Value)는 기능(F)과 비용(C)의 비율로 표현되며 여기서의 비용(C)은 단순 설계비나 시공비와 같이 수명주기 단계의 특정비용이 아니라 수명주기 단계별 총비용의 합인 수명주기비용(생애주기비용)을 의미한다. 따라서 VE를 수행하기 위해서는 일련의 절차(VE Job Plan) 중에 기능 분석과 함께, LCC 분석이 필수적으로 동반되어야 합당한 VE 수행이 가능하다.

2) 합리적 투자(Rational Investment－Client : Public, Private)

일반적으로 발주자는 주로 초기비용에 큰 관심을 가진다. 그러나 현명한 발주자/투자자는 초기비용도 중요하지만 수명주기비용의 최적화가 총체적 관점에서 볼 때 더욱 중요하다는 것을 알고 있다. 이때 발주자/투자자는 LCCing기법을 이용하여 투자의 경제성 고양 및 합리화를 꾀할 수 있다.

3) LCC 기준 입찰(Life Cycle Bidding－Client)

초기공사비가 적으면 흔히 운영관리비가 상대적으로 증가한다. 그러므로 발주자는 입찰 시부터 Life Cycle 동안의 총비용을 계상하는 LCC 기준 입찰을 요구할 수 있다. 이렇게 LCCing기법을 입찰안내에 활용함으로써 발주자는 투자의 가치를 극대화할 수 있다.

4) 발주자의 의사 결정 지원(Client Service – PM)

흔히 발주자는 건설 프로젝트에 관한 전문적 지식을 갖고 있지 못하다. 이런 경우 발주자는 Project Manager로부터 프로젝트의 각종 구상에 대한 전문적인 조언을 받게 된다. 이때 Project Manager는 LCCing 기법을 이용하여 프로젝트 진행 과정 중 발주자/투자자의 각종 구상에 대한 경제성 측면의 의사 결정을 지원할 수 있다.

5) 입찰 전략의 일환으로 활용(Bidding Strategy – Contractor)

선진국의 경우 경쟁 입찰 시 대안입찰제도가 활성화되어 있다. 이 제도는 국내에서도 부분적으로 사용되고 있다. 이때 도급자(입찰자)는 입찰전략의 일환으로 LCCing 기법을 활용하여 대안입찰에 임할 경우 수주의 기회를 고양시킬 수 있다.

6) 설계대안의 선택(Selecting a Design Alternative – Designer)

설계자는 항상 여러 가지의 설계대안 중 최적대안의 선택에 관하여 고심하게 된다. 이때 LCCing 기법의 활용은 다른 조건이 비슷할 경우, 최적 대안 선정을 위한 중요한 의사 결정 도구로 활용될 수 있다.

7) 수선계획 및 수선충당금 산정(Maintenance Planning & Required Sinking Fund Estimation – Building Manager, Maintenance Manager)

LCC의 일부인 사용 기간 동안의 수선유지비를 추정함으로써 장래 수선 계획 및 요구되는 수선충당금을 산정할 수 있다. 그러므로 LCCing 기법은 건물 관리자 또는 수선책임자에게도 매우 중요한 업무도구이다.

8) 경제수명의 예측(Economic Life Expectation : Buildings & Their Components – Building Services Engineer, Client)

건물의 수명은 다양한 요인(물리적 수명, 사회적 수명, 법적 수명, 경제적 수명 등)에 의하여 결정된다. 여기서 LCCing 기법을 이용하면 건축물의 경제적 수명을 효과적으로 예측할 수 있다.

9) 의사 결정 지원 도구(Decision Making Tool – All Participants)

앞에서 살펴본 바와 같이 건설에 관련된 모든 당사자들에게 사안에 따라 경제적 측면의 의사 결정 지원도구로 활용될 수 있다.

이와 같이 LCCing 기법은 건설의 전 수명 단계(기획–설계–시공–유지 관리–폐기 처분 등)에 걸쳐 건설에 관련된 모든 당사자들(발주자, 설계자, PMer, 시공자, 유지 관리자 등)에 이르기까지 경제성 측면의 의사 결정 지원도구로 두루 사용될 수 있다. 그 이유는 건설의 전 수명 단계에 걸쳐 모든 당사자들은 항상 비용(Cost)과 그 비용의 경제성 확보 및 고양을 위해 일해야 하기 때문이다.

특히 건설시장의 개방과 함께 대안입찰제도 및 CM for Fee 제도가 도입되었고 향후에는 CM at Risk도 도입될 예정이다. 이러한 상황에서 LCCing 기법의 효과적 활용은 발주자에게는 투자의 가치를 향상시켜 줄 것이며 설계자, CMer, 건설업체에게는 보다 높은 이익과 경쟁력 향상의 이중효과를 가져올 수 있다. 이러한 연유로 VE와 LCC를 적극적으로 또한 합당히 활용하여야 한다.

참고문헌

1. 건설교통부, 시설안전기술공단 (연구보고서), LCC개념을 도입한 시설안전관리체계 선진화 방안 연구, 2001.2.
2. 김용수, 건축물의 라이프 사이클 코스팅: 방법과 활용 그리고 문제점, 건축(대한건축학회지), 제42권, 제8호, 1998.8.
3. 박문선, 강현욱, 김용수, LNG 플랜트 건설사업을 위한 생애주기(EPCC) 비용분석 모델링 및 웹기반 분석 시스템 구축방안, 대한설비공학회 하계학술발표회 논문집, 2011.07.
4. 안장원, 김용수, 교량 상부구조형식별 LCC 분석 및 비교에 관한 사례연구, 대한토목학회논문집 제22권 2-D호, 2002.3.
5. 한국도로공사, 고속도로 교량형식별 생애주기비용(LCC) 분석 연구, 2003.
6. 한국수자원공사, 수도건설사업 원가절감을 위한 LCC 분석기법 적용방안 연구, 2003.
7. Y.S. Kim, The Economic Effect Prediction and Execution Schemes of Building Preventive Maintenance Using LCC Concept, The 3rd International Seminar for Safety of Infrastructure, Korea Infrastructure Safety & Technology Corporation, 2003.2.

저자 약력

김홍용

삼우씨엠 지원사업부장
삼성건설/삼우설계
연세대학교 건축학박사 학위 취득
연세대학교 건축공학과 공학석사 학위 취득
연세대학교 건축공학과 학사 학위 취득

진상윤

성균관대학교 건설환경공학부/미래도시융합공학과 교수
전 한국BIM학회 회장
전 동국대학교 건축공학과 교수
US Army Construction Engineering Research Laboratories 연구원
Univ. of Illinois at Urbana-Champaign 토목공학과 건설사업관리(CM)전공 공학박사 학위 취득
Univ. of Illinois at Urbana-Champaign 토목공학과 건설사업관리(CM)전공 공학석사 학위 취득
한양대학교 공과대학 건축학과 졸업

김옥규

충북대학교 건축공학과 교수
전 미국 Stanford University 객원교수
전 (주)대림산업
서울대학교 건축학과 건설사업관리(CM)전공 공학박사 학위 취득
서울대학교 건축학과 건설사업관리(CM)전공 공학석사 학위 취득
서울대학교 건축학과 학사학위 취득

정 운 성

충북대학교 건축공학과 교수

전 이화여자대학교 연구교수

Texas A&M Univ. Architecture, Design Computing 전공 건축학박사 학위 취득

Univ. of Illinois at Urbana-Champaign, IT/건설사업관리(CM)전공 공학석사 학위 취득

충북대학교 공과대학 건축공학과 졸업

김 태 완

인천대학교 도시건축학부 교수

전 City University of Hong Kong 건축토목학과 교수

전 한미파슨스 (현, 한미글로벌)

Stanford University 건설사업관리(CM)전공 공학박사 학위 취득

서울대학교 건축공학과 건설사업관리(CM)전공 공학석사 학위 취득

서울대학교 공과대학 건축공학과 졸업

최 철 호

두올테크 창립자, 대표이사 의장

전 (주)건캐드 기술연구소장

전 삼성건설 기술연구소

성균관대학교 건설환경시스템공학과 건설사업관리(CM)전공 공학박사 학위 취득

The University of Sydney, Master of Design Science (Computing) 석사 학위 취득

서울과학기술대학교 건축공학과 졸업

김병수

경북대학교 토목공학과 교수
현 한국VE연구원 원장
현 구매조달학회 부회장
전 한국건설관리학회 부회장
전 대한토목학회 시공관리위원회 위원장

현창택

서울시립대학교 건축공학과 교수
현 한국VE연구원 이사장
전 한국건설관리학회 감사, 부회장, 고문
전 한국건설 VE연구원 원장, 대한건축학회 이사
전 대한상사중재원 중재인

전재열

단국대학교 건축공학과 교수
현 대한건축학회 교육원장
전 한국건설관리학회 회장
전 한국건설 VE연구원 원장
전 대한건축학회 사업담당 부회장

김용수

중앙대학교 건축학부 교수
중앙대학교 건설대학원 건설경영및방재안전 전공 주임교수
현 한국건설관리학회 회장(10대)
현 대한건축학회 이사
전 중앙대학교 건설대학원장
전 중앙대학교 건설산업기술연구소 소장
전 한국구매조달학회 회장
전 한국VE협회 부회장
전 한국퍼실리티매니지먼트학회 회장

건설관리학 총서 집필진 명단

교재개발공동위원장	김 옥 규	충북대학교 건축공학과 교수
교재개발공동위원장	김 우 영	한국건설산업연구원 기술정책연구실
교재개발총괄간사	강 상 혁	인천대학교 건설환경공학부 교수

건설관리학 총서 1권 _ 계약 / 클레임 / 리스크 관리

Part I 계약 관리	김 옥 규	충북대학교 건축공학과 교수
	박 형 근	충북대학교 토목공학부 교수
	장 경 순	조달청 차장
Part II 클레임 관리	조 영 준	중부대학교 건축토목공학부 교수
Part III 리스크 관리	이 민 재	충남대학교 토목공학과 교수
	임 종 권	충남대학교 겸임교수, 승화기술정책연구소 사장
	안 상 목	인하대학교 겸임교수, 글로벌프로젝트솔루션 대표

건설관리학 총서 2권 _ 설계 / 정보 관리 & 가치공학 및 LCC

Part I 설계 관리	김 홍 용	삼우씨엠 지원사업부장
Part II 정보 관리	진 상 윤	성균관대학교 건설환경공학부/미래도시융합공학과 교수
	김 옥 규	충북대학교 건축공학과 교수
	정 운 성	충북대학교 건축공학과 교수
	김 태 완	인천대학교 도시건축학부 교수
	최 철 호	두올테크 창립자, 대표이사 의장
Part III 가치공학	김 병 수	경북대학교 토목공학과 교수
	현 창 택	서울시립대학교 건축공학과 교수
	전 재 열	단국대학교 건축공학과 교수
Part IV LCC	김 용 수	중앙대학교 건축공학과 교수

건설관리학 총서 3권 _ 공정 / 생산성 / 사업비 관리 & 경제성 분석

Part I 공정 관리	최 재 현	한국기술교육대학교 건축공학부 교수
	강 상 혁	인천대학교 건설환경공학부 교수
	신 호 철	(주)한국씨엠씨
Part II 생산성 관리	손 창 백	세명대학교 건축공학과 교수
Part III 사업비 관리	박 희 성	한밭대학교 건설환경공학과 교수
	이 동 훈	한밭대학교 건축공학과 교수
Part IV 경제성 분석	정 근 채	충북대학교 토목공학부 교수

건설관리학 총서 4권 _ 품질 / 안전 / 환경 관리

Part I 품질 관리	한 민 철	청주대학교 건축공학과 교수
	김 종	(주)선엔지니어링종합건축사사무소 건설기술연구소 이사
Part II 안전 관리	황 성 주	이화여자대학교 건축도시시스템공학과 교수
	이 준 성	이화여자대학교 건축도시시스템공학과 교수
	손 정 욱	이화여자대학교 건축도시시스템공학과 교수
Part III 환경 관리	전 진 구	서경대학교 토목건축공학과 교수

건설관리학 총서 2

설계 / 정보 관리 / 가치공학 및 LCC

초판발행 2019년 2월 25일
초판 2쇄 2019년 9월 2일

저　　자 김홍용, 진상윤, 김옥규, 정운성, 김태완, 최철호, 김병수, 현창택, 전재열, 김용수
펴 낸 이 김성배
펴 낸 곳 도서출판 씨아이알

책임편집 박영지
디 자 인 송성용, 윤미경
제작책임 김문갑

등록번호 제2-3285호
등 록 일 2001년 3월 19일
주　　소 (04626) 서울특별시 중구 필동로8길 43(예장동 1-151)
전화번호 02-2275-8603(대표)
팩스번호 02-2265-9394
홈페이지 www.circom.co.kr

I S B N 979-11-5610-709-5 94540
979-11-5610-707-1 (세트)
정　　가 16,000원